普通高等教育"十一五"国家级规划教材
全国高等美术院校建筑与环境艺术设计专业教学丛书
实验教程

Modern Landscape Design

现代景观设计

吴昊 刘晨晨 周靓 编著

中国建筑工业出版社

图书在版编目（CIP）数据

现代景观设计/吴昊，刘晨晨，周靓编著. —北京：中国建筑工业出版社，2011.2

（普通高等教育"十一五"国家级规划教材.全国高等美术院校建筑与环境艺术设计专业教学丛书 实验教程）

ISBN 978-7-112-12790-0

Ⅰ.①现… Ⅱ.①吴…②刘…③周… Ⅲ.①景观－园林设计 Ⅳ.①TU986.2

中国版本图书馆CIP数据核字（2010）第260674号

责任编辑：唐　旭　李东禧
责任设计：赵明霞
责任校对：关　健　刘　钰

普通高等教育"十一五"国家级规划教材
全国高等美术院校建筑与环境艺术设计专业教学丛书
实验教程
现代景观设计
吴　昊　刘晨晨　周　靓　编著
*
中国建筑工业出版社出版、发行（北京西郊百万庄）
各地新华书店、建筑书店经销
北京嘉泰利德公司制版
北京中科印刷有限公司印刷
*
开本：787×960毫米　1/16　印张：$10\frac{1}{4}$　字数：195千字
2011年6月第一版　2011年6月第一次印刷
定价：49.00元
ISBN 978-7-112-12790-0
　　　（20103）
版权所有　翻印必究
如有印装质量问题，可寄本社退换
（邮政编码100037）

全国高等美术院校建筑与环境艺术设计专业教学丛书
实验教程

编委会

● 顾 问（以姓氏笔画为序）

马国馨　张宝玮　张绮曼　袁运甫
萧　默　潘公凯

● 主 编

吕品晶　张惠珍

● 编 委（以姓氏笔画为序）

马克辛　王国梁　王海松　王　澍　何小青
何晓佑　苏　丹　李东禧　李江南　李炳训
陈顺安　吴晓敏　吴　昊　杨茂川　郑曙旸
武云霞　郝大鹏　赵　健　郭去尘　唐　旭
黄　耘　黄　源　黄　薇　傅　祎　鲍诗度

总 序

中国高等教育的迅猛发展，带动环境艺术设计专业在全国高校的普及。经过多年的努力，这一专业在室内设计和景观设计两个方向上得到快速推进。近年来，建筑学专业在多所美术院校相继开设或正在创办。由此，一个集建筑学、室内设计及景观设计三大方向的综合性建筑学科教学结构在美术学院教学体系中得以逐步建立。

相对于传统的工科建筑教育，美术院校的建筑学科一开始就以融会各种造型艺术的鲜明人文倾向、教学思想和相应的革新探索为社会所瞩目。在美术院校进行建筑学与环境艺术设计教学，可以发挥其学科设置上的优势，以其他艺术专业教学为依托，形成跨学科的教学特色。凭借浓厚的艺术氛围和各艺术学科专业的综合优势，美术学院的建筑学科将更加注重对学生进行人文修养、审美素质和思维能力的培养，鼓励学生从人文艺术角度认识和把握建筑，激发学生的艺术创造力和探索求新精神。有理由相信，美术院校建筑学科培养的人才，将会丰富建筑与环境艺术设计的人才结构，为建筑与环境艺术设计理论与实践注入新思维、新理念。

美术学院建筑学科的师资构成、学生特点、教学方向，以及学习氛围不同于工科院校的建筑学科，后者的办学思路、课程设置和教材不完全适合美术院校的教学需要。美术学院建筑学科要走上健康发展的轨道，就应该有一系列体现自身规律和要求的教材及教学参考书。鉴于这种需要的迫切性，中国建筑工业出版社联合国内各大高等美术院校编写出版"全国高等美术院校建筑与环境艺术设计专业教学丛书"，拟在一段时期内陆续推出已有良好教学实践基础的教材和教学参考书。

建筑学专业在美术学院的重新设立以及环境艺术设计专业的蓬勃发展，都需要我们在教学思想和教学理念上有所总结、有所创新。完善教学大纲，制定严密的教学计划固然重要，但如果不对课程教学规律及其基础问题作深入的探讨和研究，所有的努力难免会流于形式。本丛书将从基础、理论、技术和设计等课程类型出发，始终保持选题和内容的开放性、实验性和研究性，突出建筑与其他造型艺术的互动关系。希望借此加强国内美术院校建筑学科的基础建设和教学交流，推进具有美术院校建筑学科特色的教学体系的建立。

本丛书内容涵盖建筑学、室内设计、景观设计三个专业方向，由国内著名美术院校建筑和环境艺术设计专业的学术带头人组成高水准的编委会，并由各高校具有丰富教学经验和探索实验精神的骨干教师组成作者队伍。相信这套综合反映国内著名美术院校建筑、环境艺术设计教学思想和实践的丛书，会对美术院校建筑学和环境艺术专业学生、教师有所助益，其创新视角和探索精神亦会对工科院校的建筑教学有借鉴意义。

吕品晶
中央美术学院建筑学院教授

前 言

20世纪早期，西方艺术家们不断拓展着艺术模式，引导出艺术对象范围的不断延伸，艺术不再满足于特定的空间和分期的形式，"而是融入建筑的墙壁、城市的街道……逐渐产生了整合的艺术和审美的行动"，艺术成为了环境。艺术的概念被拓展。今天国内的环境艺术正是基于此而发展形成的综合性学科。景观是该学科的重要研究方向之一。本书以环境艺术学科特点为基础，以建筑为界面，注重研究、梳理外部环境的景观艺术。有别于传统建筑院校景观学教材，本书更为强调艺术与心理在设计中的形成特征与作用机制，并针对环境艺术专业学生特点，全面梳理景观学的概念、发展、市场、设计计划、设计流程、设计方法、设计内容以及设计表现，建立学生从理论到实践的全面素养。本书在尊重现已形成的西学体系基础之上，着重强调中国环境营建思想的确立，强调传统文化的现实意义以及古代环境营建中的景观艺术价值，以求能够对有中国特色的本学科发展有所帮助，不仅培养学生的现代景观意识，同时建立传统艺术的可持续发展价值观。

本书的编写源于课堂讲义，由于早期使用教材多为理工科院校所出，主要针对建筑学专业或园林学专业，所以一直缺乏艺术层面的景观学内容，故编写讲义进行教学。在四年的使用期间，收效良好，形成了艺术院校教育特色，学生得到用人单位的认可。《现代景观设计》在2006年列入普通高等教育"十一五"国家级规划教材。2007年逐渐修订成熟，并在此后又进行了教学验证，今日得以出版。

本书的编写得到西安美术学院校领导的大力支持，同时在编著过程当中得到中国建筑工业出版社李东禧、唐旭等责任编辑的帮助，尤其是与唐编辑不断沟通、校验与核实，促成本书的顺利出版，在此一并致以由衷感谢。

刘晨晨
西安美术学院　建筑环境艺术系
2011年5月

目 录

总序
前言

第1章 景观环境艺术设计 ... 1
1.1 景观 ... 1
1.2 景观环境 ... 2
1.3 景观环境的内涵理解 ... 4

第2章 景观的历史发展 ... 5
2.1 中国传统景观理念 ... 5
2.2 西方景观理论及发展进程 ... 17
2.3 中西方景观文化的相互影响与渗透 ... 22

第3章 基地分析与景观规划 ... 25
3.1 基地调查与分析 ... 25
3.2 景观规划原则 ... 29

第4章 景观设计 ... 31
4.1 景观设计 ... 31
4.2 影响景观设计的因素 ... 32
4.3 景观设计基本原则 ... 36
4.4 景观设计的程序 ... 42
4.5 景观设计的方法 ... 46

第5章 景观环境艺术设计要素 ... 55
5.1 硬质景观 ... 55
5.2 软质景观 ... 76

第6章 绿化植被设计 ... 87
6.1 植物学概述 ... 87
6.2 植物功能 ... 89
6.3 植物配置设计原则 ... 92
6.4 观赏植物赏析 ... 102

第 7 章 景观设计绘图表现 ······················· 125
  7.1 景观绘图的内涵 ···························· 125
  7.2 景观绘图符号 ······························ 127
  7.3 图面表现方法 ······························ 133
第 8 章 景观设计案例分析 ······················· 140
  8.1 城市广场案例分析
      ——大雁塔北广场景观艺术设计 ··············· 140
  8.2 城市绿地主题性景观案例分析
      ——陕西民俗文化园景观规划 ················· 142
  8.3 景园建筑案例分析
      ——长安芙蓉园景观规划 ····················· 144
  8.4 居住区景观环境案例分析
      ——新荣基小区景观规划 ····················· 149
  8.5 高校景观环境案例分析
      ——西安美术学院校园景观规划 ··············· 150

参考文献 ······································· 155

第1章
景观环境艺术设计

　　景观设计作为一门新兴学科,伴随着中国环境建设的发展而迅速扩展。传统园林学一统天下的局面被打破,逐渐转化为环境艺术、风景园林、旅游规划三大专业纷争的格局。因此现代景观规划设计具有鲜明的综合性特征,景观设计其核心就是环境艺术、园林、规划这三方面的综合交叉:一是艺术,即以视觉形象为核心带动的景观设计,涵盖在环境艺术之中;二是物质环境的规划设计,即以环境绿化、水土整治为核心的园林绿化艺术与技术,这是园林、园艺专业的强项;三是以人为活动为核心的环境营建。涉及研究人的心理行为与活动行为,囊括了风景旅游规划的内容。

　　在过去的 20 年间,中国景观规划设计正在从以古典园林为核心的传统园林设计转向以现代景观为核心的现代景观设计,研究、教育、实践,这三方面都发生着结构性的重大转变。历经百年,景观设计学（Landscape Architecture）在国际上一直是作为一个完整的学科专业而独立存在的,在中国,这一学科专业尚处发展初期,正在经历着结构分化、重组、转变。

1.1　景观

　　景观（Landscape）:本意等同于"风景""景色",从中派生出"陆上风景"、"风景画"等概念和含义。在欧洲,"景观"一词最早出现在希伯来文本的《圣经》旧约全书中,它被用来描写梭罗门皇城（耶路撒冷）的瑰丽景色。这时,"景观"的含义同汉语中的"风景"、"景致"、"景色"相一致,等同于英语中的"Scenery",都是视觉美学意义上的概念。

　　15 世纪,欧洲一些画家沉迷于自然美景,热衷并大量描绘了许多以自然景观为题材的绘画。16 世纪,风景画成为独立的绘画类型,这段时间自然风景的描绘大多是作为肖像画的背景出现,但在整体构图上已占有非常重要的地位。17 世纪,风景画得到了广泛的发展,至此景观(Landscape)成为专门的绘画术语,专指陆地风景画。19世纪,景观被引入地理学的概念当中。涵盖了地理地貌的内容。

而我国从东晋开始,山水画(风景画)就已从人物画的背景中脱胎而出,独立成门,风景(山水)很快就成为艺术家们的研究对象,丰富的山水美学理论堪称举世无双,因此也造就了中国山水园林的臻美。景观的这种含义(作为风景的同义语)一直为文学艺术家们沿用至今。

1.2 景观环境

景观环境体系的核心是人与环境的相互作用关系。美国景观设计之父欧姆斯特德于1858年创造了景观建筑"Landscape Architecture"一词,并将景观的概念解释为:当人们对土地的自然地理与环境特征进行描绘或观赏时,土地就成为景观,景观会随土地特征和人类活动的影响而变化,是一个动态的、自然的和社会的系统反映。而景观环境,是指由各类自然景观资源和人文景观资源所组成的,具有观赏价值、文化价值或生态价值的空间体系。

因为景观学科的词义来源是英文的"Landscape Architecture",直译是"景观建筑学",因此一部分学者认为景观设计是建筑学科的延伸,很多景观设计师也是建筑设计师,很多景观设计也是由建筑师完成的。而另一部分学者专家认为景观应是和雕塑、绘画、建筑在同一层次的艺术学科门类。

"景观建筑学"究竟是一门什么样的学科呢?景观建筑学自创立之初就是一个极为综合、面向户外环境建设的学科,是一个集艺术、科学、工程技术于一体的应用型专业。因其核心任务是人类户外生存环境的建设,故涉及的学科专业领域极为广泛综合,包括区域规划、城市规划、建筑学、林学、农学、地学、管理学、旅游、环境、资源、社会文化、心理等。园林绿化、城市公园、风景名胜区仅仅是现代景观建筑学工程实践的一个组成部分,而非全部。景观建筑学的工程核心虽然是规划设计,但所用的材料、考虑的问题,既不同于建筑学,也不同于城市规划,其关注的是建筑与城市内外"空"、"活"、"文"的那一部分。诚然,植树造林、城市绿化是该专业的一项重要工作,但从现代中国社会发展建设对该专业的实际需求来看,从国外已有的实践来看,该专业的工作已远远不止是"风景"、"园林"的规划设计,而是整个人类生存环境的规划设计。

景观建筑学与其姐妹专业建筑学、城市规划的关系就其相同性来看,它们的目标都是创造人类聚居环境,其核心都是将人与环境的关系处理落实在具有空间分布和时间变化的人类聚居环境之中，所不同的是，建筑学侧重于聚居空间的塑造，重在人为空间设计；城市规划侧重于聚居场所的建设，重在以用地、道路交通为主的人为场所规划；景观建筑学侧重于聚居领域的开发整治，即土地、水、大气、动植物等景观资源与环境的综合利用和再创造，其专业基础是场地规划与设计。

因此，以人类聚集的活动场所的规划设计为手段，寻求创造人类需求与客观环境的协调关系，这即是景观建筑师的终极目标。

1.2.1 广义的景观设计

刘滨谊："景观设计是一门综合性的、面向户外环境建设的学科，是一个集艺术、科学、工程技术于一体的应用型专业。其核心是人类户外生存环境的建设，故涉及的学科专业极为广泛综合，包括区域规划、城市规划、建筑学、林学、农学、地学、管理学、旅游、环境、资源、社会文化、心理等。"

俞孔坚："景观设计是关于土地的分析、规划、设计、管理、保护和恢复的科学和艺术。"景观设计既是科学又是艺术，两者缺一不可。景观设计师需要科学地分析土地、认识土地，然后在此基础上对土地进行规划、设计、保护和恢复。例如国家对濒临消失的沼泽地的恢复，对生物多样性丰富的湿地的保护，都属于景观设计的范畴。

广义的景观设计概念是随着我们对于自然和自身认识程度的提高而不断完善和更新的。目前来讲，我们所说的景观设计主要包含规划和具体空间设计两个环节。

其中规划环节指的是在大规模、大尺度上对景观的把握，具有以下几项内容：场地规划、土地规划、控制性规划、城市设计和环境规划。其中场地规划是通过建筑、交通、景观、地形、水体、植被等诸多因素的组织和精确规划使某一块基地满足人类使用要求，并具有良好的发展趋势。土地规划相对而言主要是规划土地大规模的发展建设，包括土地划分、土地分析、土地经济社会政策，以及生态、技术上的发展规划和可行性研究。控制规划主要是处理土地保护、使用与发展的关系，包括景观地质、开放空间系统、公共游憩系统、给水排水系统、交通系统等诸多单元之间关系的控制。城市设计主要是城市化地区的公共空间的规划和设计，例如城市形态的把握，和建筑师合作对于建筑面貌的控制，城市相关设施的规划设计（包括街道设施、标识）等，以满足城市经济发展。环境规划主要是指某一区域内自然系统的规划设计和环境保护，目的在于维持自然系统的承载力和可持续发展。

1.2.2 狭义的景观设计

景观设计中具体空间设计环节就构成了景观设计的狭义概念。

其中场地设计和户外空间设计，是景观设计的基础和核心，也就是我们所说的狭义的景观设计。

狭义景观设计中的主要要素是：地形、水体、植被、建筑和构筑物，以及公共艺术品等，主要设计对象是城市开放空间，包括广场、步行街、居住区环境、城市街头绿地，以及城市滨湖滨河地带等。其目的不但要满足人类生活功能上、生理健康上的要求，还要不断地提高人类生活的品质，丰富人的心理体验和精神追求。

从景观设计广义和狭义的两种定义来看，景观设计和城市规划或城市设计可以结合成为城市景观规划，景观设计也可以和建筑设计结合起来形成室内外空间一体化的设计。所以，景观设计也可以说是处理人工环境和自然环境之间关系的一种思维方式，一条以景观为主线的设计组织方式，目的是为了使无论大尺度的规划，还是小尺度的设计都以人和自然最优化组合和可持续性发展为目的。在理想状态中，这些处于不同层次和不同规模的规划设计应该是一个紧密连贯和完整的流程，但事实上，在实际运用中这一流程往往是不完整和过于简单化的。

1.3 景观环境的内涵理解

在宏观层面上，基于可持续发展的生态观、科学观、自然观以及社会观，景观环境是指对人类生存、生活空间进行整体、系统、全局的环境规划，以满足人类社会的整体再生和可持续发展，这其中包括对景观资源的开发与利用。例如基于此层面的景观环境应涉及景观规划，城市地景以及城市天际线的营造，小区景观环境的生态效应，内部环境的均好性等。

在中观层面上，景观环境是通过景观设计对生态、文化、行为、艺术、地域、民族、时代各个因素进行有机整合，建立一种结构体系，并依据此系统营造出适于人类需求与发展的场所，并形成场所精神以及适当的环境氛围。

在微观层面上，景观环境是指对于景点的设计以及周边所形成的空间。其中包括景观环境设计的形式、功能和内涵。通过选题、选材、构形、赋义来完成景观环境设计造型——造景——造境——造情的过程，从而提供并促进人们与环境发生互动关系。

第2章
景观的历史发展

2.1 中国传统景观理念

中国的社会历史发展是以农业为本,人与自然的和谐是生存与发展的前提。先民们从对自然的敬畏到与大自然产生亲和关系,经历了一个漫长的过程。中国人对人与自然的亲和关系的体验,在世界文明史上是很独特的。西方著名哲学家罗素在《中国问题》中甚至说:"中国人摸索出的生活方式已沿袭数千年,若能被全世界采纳;地球上肯定会比现在有更多的欢乐祥和……若不借鉴一向被我们轻视的东方智慧,我们的文明就没有指望了。"可见中国传统文化对于现代景观学科乃至人类文明发展的重要意义。

中国传统的环境营造思想是与古代传统文化融合在一起,密不可分的。尤其是以儒家的"礼"制对古代城市规划格局、园林、建筑的影响最大,其在环境营造的形式和内容方面进行了严格的界定,同时又融入了道家文化对自然世界的认识和理解。因此,在中国古代的营造思想中,既有正统官方礼法秩序的体现,又有民间与宗教方面的关于社会和自然的世界观、方法论。例如:在唐代长安城中,十三排坊里象征十二月加闰月,皇城南的四行坊里代表四季,明清北京城南建有天坛、北建有地坛、东建有日坛、西建有月坛;兽中四灵"前朱雀、后玄武、左青龙、右白虎";方位中东为春、南为夏、西为秋、北为冬的概念,在城市的布局、地名等方面都有体现。"不涸泽而渔,不焚林而猎"的思想体现着人与自然生态的和谐,"天人感应"、"顺应天意"、"天人合一"的自然观更是代表了城市、人与大自然关系的最高境界。又例如,北京紫禁城是一个标准的长方形,其四周绕以圆弧形的金水河,这是对天圆地方的具象模仿。"方"、"正"反映了儒家"入世"的形态观念。紫禁城前朝(又称外朝,即朝政用房)主要建筑太和殿(又称金銮殿)、中和殿、保和殿依次列位中轴线上,是紫禁城乃至北京城的中心建筑,其中太和殿又处前朝的中心位置。从天安门到太和殿,要经过重重殿门,依次为端门、午门、太和门，而其间围合的空间，地势越来越高，庭院面积越来越宽。以空间变幻的建筑格局形成气势恢宏、波澜壮阔的建筑群体，造成神秘、严肃、威慑的心理氛围，其空间变化既表达了皇权崇拜的理念，又反映了天人同构、天人合一、亲近自然的世俗精神。再者，紫禁城内各宫殿以间为单元组成单体建筑，再由单体建筑、连廊围合成庭院，又由多进庭院组成建筑群的结构层次，象征着中国古代以家庭为社会基本单元，由家庭而家族再宗族而国家的宗族制度。如此可见，中国的文化精髓、伦理纲常是流淌在空间变换之中的，空间的形制也正是文化得以延续和实现的载体。因此在设计的空间中如何体现中国文化的儒道思想、伦理纲常才是对中国传统景观理念的准确定位。

2.1.1 中国的风水理论

任何一个民族都持有其独特的文化体系，这与该民族所处的环境是密不可分的，而文化也与其所处环境互生发展并共同逐渐完善成熟。中国的传统文化哲学思想千百年来渗透在我们所处的建筑环境当中，同时在这种应用当中日臻完美。中国人的天人合一的哲学理想正是以理想风水景观的形式在中国大地上得以实现。风水是中国人追求理想居处环境的一种观念，这种观念对一切与此相关的行为取向和人文风情都有着不同程度的影响。风水是古代中国的一种文化现象，是早期先民在实践经验之上，为安居乐业、祭祖求福而逐渐总结的择居规律以及其间所反映的意识取向。商周时期，风水理念渐臻成熟，形成了在中国传统风水文化发展史上具有"理论"构建意义的《周易》。《周易》对于人类从蒙昧时期到商周之际数千年间的择居文化的养分汲取，远远不只是停留在实践总结、要素归纳、吉凶印证这几个层面上，而是在仰视天象运行、星移物换，俯察沧海桑田、草木枯荣的长期观察中，在身感寒来暑往、阴阳交替，力行凿山浚河、水土治理的能动实践中，形成了对整个世界的根本看法，并影响了中国哲学思想的形成与发展。

风水佳穴的意念模式，被西方科学家称为"东方文化生态"。风水说源于中华先民早期对环境的自然反映。新西兰奥克兰大学的尹弘基教授提出风水起源于中国黄土高原的窑洞、半窑洞的选址与布局，距今 6000 多年前陕西西安半坡的仰韶文化，已经是一个典型的风水例证（丁一等，《中国古代风水与建筑选址》，第 6 页）。可见，古人环境吉凶意识，是在漫长的历史进程中的生态经验积累。中国原始人选择的适合自己居住的满意生态环境，是中国人理想环境的基本原型。《周礼·地官司徒》"以相民宅"的目的是"阜人民，以蕃鸟兽，以毓草木，以任土事"。

中国古代造园讲究风水，又称堪舆，风水术以四灵之地为理想的环境，"四灵"具体化为山（玄武）、河（青龙）、路（白虎）、池（朱雀）等环境要素（表 2.1-1）。

五行图谱　　　　　　表2.1-1

五行	水	金	土	火	木
季令	冬	秋		夏	春
方向	北	西	中	南	东
四兽	玄武	白虎		朱雀	青龙
阴阳	黑	白	黄	赤	绿
情欲	惧	哀	喜	乐	怒

所谓左青龙，右白虎，前朱雀，后玄武。但用的是相对方位，并非东、西、南、北的绝对方位。其堪舆工具"六壬盘"和风水罗盘，是时空合一的相卜占地工具，是将天人合一思维模式化和仪轨化。风水将最吉祥的地点称为穴，穴的四周山环水绕，明堂开朗，水口含合，水道绵延曲折。追求环境的回合封闭和完整均衡、背阴向阳、背山面水、坐北朝南，"具有日照、通风、取水、排水、防涝、交通、灌溉、阻挡寒流、保持水土、滋润植被、养殖水产、调整小气候，便于进行农、林、牧、副、渔多种经营等一系列优越性"（侯幼彬，《中国建筑美学》，黑龙江科学技术出版社，第195页）。这种山环水抱、重峦叠嶂、山清水秀、郁郁葱葱的自然环境的和谐风貌，形成良好的心理空间和景观画面，反映了华夏民族的生存智慧。

清代乾隆时请法国传教士韩国英协造圆明园，"希望北面有座山可以挡风，夏季招来凉意，有泉脉下注，天际远景有个悦目的收束，一年四季都可以返照第一道和末一道光线"，注重了人和自然的有机联系及交互感应。如乾隆造的"静宜园"，建在北京西郊的香山山坳里，北、西、南三面环山，"即旧行宫之基，葺垣筑室。佛殿琳宫。参差相望，而峰头岭腰，凡可以占山川之秀、供揽结之奇者，为亭、为轩、为庐、为广、为舫室、为蜗寮。自四柱以至数楹，添置若干区"（《日下旧闻考》，北京古籍出版社，1981年）。依山势高低构筑建筑物，与周围的苍松翠柏、溪流瀑布、悬崖峭壁，相得益彰，宛自天成。避暑山庄也是"自然天成地就势，不待人力假虚设。君不见，磬锤峰，独峙山麓立其东；又不见，万壑松，偃盖重林造化同。"（康熙，《芝径之堤》）。因为"胜景山灵秘，昌时造物始……土木原非亟，山川已献奇。卓立峰名磬，模拖岭号狮。滦河钟坎秀，单泽擅坤夷。……宛似天城设，无烦班匠治。就山为杰阁，引水作神池。"（乾隆，《避暑山庄百韵歌》）。

传统风水说中还体现了保护原生态环境的意识。如风水术有关植树的规定，有大环境和小环境两类。在大环境中，风水术认为，草木为龙之皮，来龙是村落住宅、墓地之命脉，伐山木必至伤龙。且树木位于吉方者，伐之则去吉，位于凶方者，动之则招凶,所以严禁伐木。

　　风水在其悠久的历史发展中,曾积累了丰富的实践经验,也通过理论思维,吸收融汇了古代科学、哲学和美学、伦理学、心理学,以及宗教、民俗等方面的众多智慧,集中而典型地代表、反映了中国传统建筑环境的价值取向和审美认知,自有其历史意义和合理内涵,并对中国传统建筑产生了普遍而深远的影响。

　　中华民族是一个历史悠久的民族,在几千年的历史古代进程中积累了丰富多彩的建筑经验。在漫长的农业社会中,生产力水平较低,人们为了获得比较理想的栖息环境,以朴素的生态观,顺应自然和以最简便的手法创造了宜人的居住环境。中国民居的结合自然、结合气候、因地制宜就是运用自然材料室内外空间的相互渗透,丰富的心理效应和超凡的审美意境,是我们今天的创造新的人居环境必须重新认识并继承借鉴的宝库。

　　中国封建社会几千年,受传统的哲学思想影响极深,而中国传统哲学一个很大的特点是哲学观念和生态观念的有机联系和统一。中国古代很早就认识到人与自然是不可分割的整体,中国的"天人合一"是中国古代哲学最崇高的基本观念。这里,"天"是无所不包括的自然,是客体;"人"是与天地共生的人,是主体;天人合一是主体融入客体,形成二者根本统一。《老子》中称:"人法地,地法天,天法道,道法自然"是指天、地、人均有内在的肌理,但最终要服从于运动的自然规律。

　　在传统建筑哲学中,阴阳观也具有很大影响。如传统民居从南到北塑造的以院为中心和单元的基本平面格局,即屋宇为阳——实;院落为阴——虚。这种阴阳相成虚实相间的院落序列空间,在密集的居住状态下较好地协调了人与自然的关系。在今天的现代建筑中经常可以发现在一些优秀建筑的流线上也会出现"室外——室内——室外——室内——……"的空间序列,丰富有致,这不能不说有异曲同工之妙,这也说明从古至今人们的审美情趣趋同。

　　人与自然的统一还表现在就地取材方面。天然材料不仅对人体无害,且经加工后人能反映自然特征,如西藏的石屋,东北的井干式木房,西南的竹楼。它们就地取材,适应当地气候,并与大自然融为一体。天然材料特有的质感和色彩的统一使人们觉得心处自然之中——木材纹理如烟云流水,质地温暖亲切;大理石或似群山川壑或似云海波涛,给人无限遐想。运用自然材料使建筑融于当地环境之中。

　　中国传统的审美观与道家的审美观有很紧密的联系。道家学说认为:自然物的美只要听其自然的天性就行了,那么对于技术和艺术之结合的建筑之美,则要"以天和天"。所谓"以天和天"两个"天"字,指的都是自然。"以天和天"——因循客观的存在来调动人的艺术创造力,以获得自然美的艺术,这就是道家的艺术美学观。建筑是一门造型艺术,是根植于大地的。因此,道家美学思想指导下"以天和天"的艺术创作促成了中国古代建筑通过"师法自然",创造出与自然和谐统一的美。这些观点与主流"天人合一"是相符的。

纵观中国传统建筑,北方的深沉厚重,南方的洒脱秀丽,且富于诗的韵律和画的意境,也是对气候的反映,是人与自然关系的反映。

2.1.2 中国传统园林美学

中国古代园林,历史悠久,文化内涵丰富,个性特征鲜明而又多姿多彩,极具艺术魅力,为世界三大园林体系之最。在5000多年的历史长河里,留下了我国园林发展的深深履痕,也为世界文化遗产宝库增添了一颗璀璨夺目的东方文明之珠。

中国园林美学是传统景观意识的集中体现,从秦汉的皇家园林"苑囿"开始,经魏晋南北朝至隋唐发展出了崇尚自然美的山水园。而后,宋元山水园林、私家园林日益成熟,产生了别具风貌的文人写意园;明清大量的皇家及私家园林的建造形成了一个园林发展的高峰期。在这一过程中,园林已经不是简单的庭院居所的美化了,而是成为一种名副其实的艺术。中国传统造园家往往也是文人和山水画家,造园和书法、绘画、诗词成为艺术上的姊妹。我们可以说中国传统园林是一种立体的山水园,也可以说是空间塑造成的诗。作为一种传统的典型景观空间类型,其对于美学的注重,对于意境的营造,远胜于其他类型的景观。

从园林的起源和理想模式上看,早在战国时代,民间就已流传很多神仙和仙境的传说,比较典型的有 "蓬莱、方丈、瀛洲"和"昆仑瑶池"。《史记·封禅书》记载:"威、室、燕昭使人入海求蓬莱、方丈、瀛洲,其传在渤海中,去人不远。患其至,则船风行而去。盖尝有至者,诸仙人及不死药皆在焉。其物禽兽尽白,而黄金白银为宫阙。未至,望之如云;及到,三神山反居水下;临之,风辄引去,终莫能至云。"《山海经·海内西经》:"昆仑之虚,方八百里,高万仞。……百神之所在,在八隅之岩,赤水之际。"秦始皇在渭水边营建蓬瀛,成为中国园林史上第一个模拟海上仙山的构筑,自此以后,海上仙山这种虚构的幻象,就成为一种理想的风景模式。另外,佛教中的"极乐世界"的观念,也影响了世俗世界中园林的营造,我们在很多日本的园林中,还可以看到这种充满禅宗思想的意境。它和西方园林中"伊甸园"这种理想模式对园林产生的影响是不谋而合的。

从园林创作手法上来看,写意是中国传统园林最为主要的特征之一。中国的古典园林不局限于对自然景观的简单模仿,它的本质是从自然景观中加以提炼和抽象。造园家要设计和营造的是景象和意境,在这一点上和中国传统山水画异曲同工,比如山石可以塑造为麓坡、岩崖、峰峦、洞隧、谷涧、瀑布、矶滩等景象。这种手法不是将自然景象按比例微缩而成，而是将其气势和细部加以抽象、重组而成。我们可以在许多成功的园林中看到这种通过空间手法营造出的诗情和画意（图2.1-1）。

图2.1-1　中国传统民居院落环境

园林的营造属于中国传统景观意识的具体体现和应用，在很多传统村落和城市的选址营造中都起到了重要作用的风水理论则是另外一种更宏观地表达了中国传统环境理想的理论体系。

1. 皇家苑囿

在中国封建社会里，帝王被认为是天子，他代表"天"行使统治人民的权力。帝王首先要勤政，才能"以德配天"，才能得到上"天"的庇佑，使其永坐江山。要勤政，先得有勤政之所。不仅仅是宫城，帝王苑囿也体现出了勤政思想。比如，苑囿的分区与宫城中的分区是极相似的。在宫城中，历朝基本上都按"前朝后寝"的规制，即分为处廷和内廷两大部分，外廷以办公为主，内廷以寝居为主。同样在苑囿中，也被分为"宫"和"苑"两大部分，一般说来"宫"对外，"苑"对内，其作用与宫城中的处廷和内廷几乎一致。只是在苑囿的"苑"部分里，其面积大大超过了"宫"的部分，并且"苑"的赏景性、游娱性更为明确。所以，苑囿并不单纯是一个供帝王游乐的场所，它实际上是帝王的"第二宫城"，是离宫别苑。而且在离宫别苑里，召见群臣、理论朝政成了帝王在园林中的主要活动。

西周时期，周天子就确立了皇权地位的神圣和不可侵犯的社会制度。到秦始皇统一中国，建立了专制主义中央集权的国家后，专制主义中央集权思想一直是历代帝王的主流思想，在中国封建社会的各个领域中都产生了深远的影响。

中国皇家园林主导时期为我国盛唐时代，当时的长安城成为世界上最大的城市之一。城的正北是太极宫，也称"西内"。宫内主要建筑为太极殿，殿后即为王后嫔妃生活起居处所，此殿北宫墙为御苑，内有池、台、殿等建筑。由于太极宫地势较低，唐初又在城北靠近太极宫的东北面建造了大明宫（图2.1-2），又称"东内"。宫的北部有园林，内有较大的北池，称太液池。池中有一小山，名为蓬莱山。池的南部则有珠境殿、郁仪殿、拾翠殿等建筑。除此之外，在皇城的东

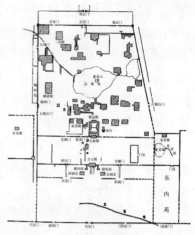

图 2.1-2 大明宫复原图

部还建造了兴庆宫，除设有听政的处所外，为供帝王起居游宴还开凿了椭圆形的大池塘。这不仅是历代帝王营造宫苑的一种模式，而且还在模仿自然山水的基础上又注入了想象的因素。以上所探讨的皇家园林建筑，不难看出我国皇家园林气势及空间尺度之大气，以及皇家园林的立意之所在。另则，陕西南部地区，一直是周秦汉隋唐等朝代建都的地方，伴随着城市、宫殿的建筑，也兴建有大量的皇家苑囿，被称为我国造园艺术诞生的摇篮。

中国皇家苑囿主要特征体现在以下几个方面：①苑囿建筑体现了帝王唯我独尊的思想。我国古代皇家苑囿的规模一般都十分宏大且建筑雄伟壮丽。"天子以四海为家，非壮丽无以重威"，宏伟壮丽是皇家苑囿的典型特征（图2.1-3）。②苑囿在空间组织上体现了"大一统"的集权思想。"大一统"是《公羊传》的政治思想主旨。公羊子提出"大一统"即向往实现高度统一的君主政治。"大一统"思想的实质是一种维护中央集权政治的专制主义政治理论。在古代那些一统江山、国力强盛的王朝里，帝王们所建的苑囿在空间组织上大多隐含了这一思想。③苑囿建筑严格遵守封建宗法、礼教、等级制度。封建宗法、礼教、等级制度是中国封建社会维护封建秩序的重要精神支柱，也是整个封建制度的主要内容。"礼，国之纪也"，"礼"即"君君、臣臣、

图 2.1-3 颐和园

父父、子子"。礼的主旨在于别君臣、上下、父子、兄弟、内外、大小。孔子说，礼的核心是分贵贱、上下、等级。这也是中国社会伦理纲常之源。尽管历代建筑的形式、用材各有不同，但它们都有一个共同的特点，即必须严格遵守封建建筑等级制度，如宋代的《营造法式》和清代的《工部工程做法则例》都是在对建筑格制作伦理制度化。在苑囿的总体布局、院落组合、要素布置、主景的"一元化"处理手法及建筑的程式等方面都严格受着封建宗法、礼教、等级制度的约束。虽然园林中的有些建筑，存在局部的、个别的"降格"现象，但那只是为了适合园林气氛的需要，总体说来，苑囿中的建筑是遵守制度规定的。

2. 私家园林

游乐和休息是人们恢复精神和体力所不可缺少的需求。几千年来，人们一直在利用自然环境，运用水、土、石、植物、动物、建筑物等素材来创造游憩境域，进行营造园林的活动。

中国古典私家园林环境色彩讲究清淡雅致、素淡简朴，几乎是清一色的粉墙黛瓦。给人一种清新、心旷神怡的感觉。建筑周围多以不同种类的植物、花卉相衬，这是与其气候、地域特点相适应的。

图 2.1-4　留园

明、清时期是中国园林创作的高峰期。私家园林是以明代建造的江南园林为主要成就的，如"沧浪亭"、"留园"、"拙政园"、"寄畅园"等（图 2.1-4）。苏州园林创作源泉，沿袭唐宋风格，从审美观到园林意境创造以"以小观大"、"须弥芥子"、"壶中天地"等为创造手法。自然真实、写意、诗情画意成为创作的主导。园林中的建筑起了最重要的作用，成为造景的主要手段。不但模仿自然山水，而且还集仿各地名胜于一园，形成园中有园的风格。自然风景以山、水地貌为基础，植被作装点。中国古典园林绝非简单地模仿这些构景的要素，而是有意识地加以改造、调整、加工、提炼，从而表现一个精炼、概括、浓缩的自然。它既有"静观"又有"动观"，从总体到局部包含着浓郁的诗情画意。园林中处处有建筑，却处处洋溢着大自然的盎然生机。

同时，"一切都要为构成完美的图画而存在，决不允许有欠美伤美的败笔。"这是苏州园林造园的最大依据。在设计中要不留死角，做到移步换景。故整个景观区不仅应给人留下深刻的江南印象，更应引导游者在园林中的体会和观赏情趣。

苏州园林绝不讲究对称，同时有假山叠石配合竹子花木的种植。因地制宜、意在笔先、自出心裁。苏州园林中"虽为人作，宛自天成"这一情景写照也正是园林中追求山水画的境界所在。

讲究近景、远景的层次也是苏州园林的特点之一。设计中巧妙运用花墙和廊子，使苏州园林显得层次多，景致深，景物不是一览无余地展现在游览者的面前，而是逐次展露，游览者可以领略到移步换景的乐趣，获得的审美享受也更为深长。

2.1.3　中国传统景观城市

中国古代城市发展有两大类型：一类是按照统治阶级的意图从政治军事要求出发而新建的城市，一般布局较为规整；另外一类是由于经济地位在原地不断发展扩建的城市，布局不方正，有一定自发性。照此而言，中国古代城市和西方诸多城市的产生、发展并无太大区别，但是从结果来看，却形成了完全不同的城市风貌和景观。

中国传统城市绝大部分建筑为低层的院落式住宅，宫殿，庙宇、官府等建筑体量较高大。少数为多层建筑，例如佛寺的塔、楼阁、以报时为功能的钟鼓楼以及城防系统的城门、角楼等，这些多层建筑在城市景观方面起到非常重要的作用。例如明清时期在北方的规整性城市（如平遥）中，在两条主要街道的交汇处筑有城市里体量最大、高度最高的钟鼓楼或市楼，和四个城门遥遥相对，城门、城墙、钟鼓楼成为整个城市的制高点，也是城市形象的代表。辽宁兴城南城门到钟鼓楼一线，布有牌坊若干，形成城市主要的景观轴线，城门和钟鼓楼附近聚集了城市主要商业区，视觉景观焦点和城市生活的活跃区域相互吻合。苏州的报恩寺塔是很多城市街道的对景，这些类似地标的高建筑也就是中国传统城市的景观建筑。在这些城市之中，对称、对景、借景、强化视觉轴线等诸多空间设计手法和我们现代景观设计并无不同（图 2.1-5、表 2.1-2）。

中国传统城市规划同时深受风水理论影响，在很多北方自古重镇城市的格局中都可看见风水理论在传统城市建设选址中的重要地位。例如，隋代宇文恺规划的大兴城即后来的唐长安城，在运用风水相地学方面有很大的发展。唐长安地势比汉长安城地势高（据说刘邦在汉长安城居住时易患关节炎，因为汉长安城临渭水势低潮湿），同时保留和利用了六岗的地势，北起龙首原、大明宫、乐游原直到大雁塔曲江池的六条约三丈高东西走向的丘岗。宇文恺以此作为唐长安城景观规划的有利条件，并巧妙地把八卦学中的科学部分引入到规划中来。使六岗成为长安城观赏俯视城市景观的眺望点，创造了平地建城难得的景观环境空间。

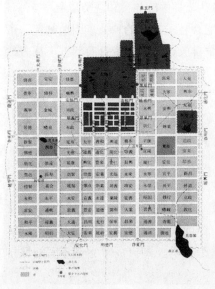

图 2.1-5 唐长安城周长达 35.56km,面积约 84km^2,是现在西安城面积的 9.7 倍,汉长安城的 2.4 倍

唐长安城分为外廓城、皇城、宫城三个部分,外廓城从东、西、南三面拱卫皇城和宫城。宫城是皇帝和嫔妃的居住地,皇城是中央政府机构所在地,外廓城为居民居住区。唐长安城设计非常严整规范,街道都是正南北、正东西走向。全城共有纵横的南北大街 11 条,东西大街 14 条,将居住区分为 108 个坊。

宫城是唐代的政治中心,最初有太极宫和太极宫东西两翼的东宫(太子居住)、掖庭宫(嫔妃居住)。唐太宗在太极宫东北扩建大明宫,加上唐玄宗建在明春门北、东城墙内的兴庆宫,形成三大宫殿区,也称三大内。太极宫为西内,是唐初政治中心;大明宫为东内,是高宗以后的政治中心。现在我们可以看到大明宫遗址内的含元殿遗址、麟德殿遗址(麟德殿殿前、中、后三大殿,以中殿为主殿,周围绕以回廊,并有东西对称的东亭、西亭、郁仪楼、结邻楼。其气魄之大,超过了北京故宫的太和殿。三殿相连的建筑形式,以此殿为开端);兴庆宫为南内,是唐玄宗处理政务及与杨贵妃长期居住的地方,现兴庆公园只是其遗址的一部分。其建筑高大雄伟、气势磅礴,体现了大唐盛世的风貌。当时从三大内沿东城墙筑有夹城(夹道),皇家车马穿行其中而外人只闻其声。夹城道路可直通曲江池,设计构思可谓周密。

中国庭院发展略表   表 2.1-2

朝代	特色	实例(括号内者为苑囿)
黄帝 尧舜 夏 殷商 周	为世界造园史最早有记载者。 始设专官掌山泽苑囿田猎之事。 帝王苑囿由自然美趋于建筑美。 建都市,有高墙围绕之,并做高台为游乐及眺望之处。开近世公元之滥觞。 文王为囿与民同乐	(玄圃); (灵囿、灵沼、灵台)
《说文解字》:园——种植果木之处。 圃——种植菜蔬之园。 囿——古代帝王置林池蓄鸟兽、种花木以供乐之处。 (《毛诗》)所以养禽兽也,天子百里,诸侯四十里。 《诗经》:"经始灵台,经之营之,庶民攻之,不日成立,经始勿亟,庶民自来。王在灵囿,麀鹿攸伏,麀鹿濯濯,白鸟鹤鹤。王在灵沼,于牣鱼跃,文王以民力为台,而民欢乐之,谓其台曰:灵台,谓其沼曰:灵沼。"		
春秋战国 (公元前 770～公元前 221 年)	* 思想百家齐放,各诸侯多有囿囿 * 以孔孟(儒家)思想、黄老思想为主流,宇宙人生基本课题受重视 * 人与自然的关系,由敬畏而敬爱	郑之原圃,秦之具圃,吴之梧桐园、会景园、估苏台
秦(公元前 221～公元前 206 年)	* 为专制政体,大兴土木,宫廷规模大 * 建池道,于旁树以青松,为我国及世界行道树的开始	(阿房宫)

续表

朝代	特色	实例（括号内者为苑囿）
汉（公元前206~公元250年）	* 帝王贵族权臣建苑庭者多 * 私人造园渐兴起 * 黄老思想深植人心，人与自然关系密切（自然式庭园）蔚风尚如袁广汉之茂陵园	* （上林苑、甘泉苑、思贤苑） * 未央宫、东苑
三国(公元220~280年) 晋（公元265~420年） 南北朝 南朝(公元420~589年) 北朝(公元386~581年)	* 园较少，多为自然式造园，规模气象虽衰落，唯韵味颇长 * 江南美术水准日高，造园渐盛。文人造园源于避世，后则转于隐居	* 魏之铜爵园，东吴方林苑 * （华林苑），石崇之金谷园，谢安、王道子、谢灵运等为慧远于庐山筑台造池 * （宋之乐游园、青林苑、上林苑、齐之新林苑、芳乐苑、梁之兰亭苑、江潭苑） * 匡山刘慧斐之离垢园，健康沈约之郑园，扬州徐湛之园，庚信之小园
隋（公元581~618年） 唐（公元618~907年）	* 重奇巧富丽，可说是布景式造园 * 国富力强，长安城、曲江为公共游乐之地；园林发展极盛，多在山林中，占地大，奇石盆景之观赏开始	* （天苑、西苑）炀帝； * （禁苑、翠微宫、骊山）； * 李德裕之平泉庄，王维之辋川别业，斐晋湖园
五代（公元907~960年） 宋（公元966~1279年）	* 江南湖、杭、苏、扬四州繁荣 * 园林盛期，加入性情兴赋之意，作风细腻精到，洒脱轻快；奇石盆景之应用已很普遍。南宋迁都临安，江南园林大盛，成为中国庭院的主流 * 山水画发展，寓诗于山水画中，更建庭融诗情画意于园中，此形成三度空间的自然山水庭院	* （芳林苑、金明池、宜春苑、玉津园） * 洛阳诸园如富郑公园、湖园、司马光独乐园、环溪、松岛、董氏二园、吕文穆园等 * 吴兴诸园，如叶式石林、沈尚书园等；临安诸园如珍珠园、南园、甘园、梅坡园、水月园等 * 苏子美沧浪亭、欧阳修平山堂
元(公元1206~1368年)	* 重情味与写意，庭院发展仍盛 * 异族统治，精神上追求庭院更能表现人格，发抒胸怀	* （御园、南苑） * 倪瓒清閟阁、云林堂 狮子林、沈氏东园（今留园）、常熟曹氏陆庄 * 狮子林：园中之叠石，如云林之画，逸笔草草，精神俱出
明(公元1368~1644年)	* 庭院规模不大，乏创意，有秀润之风。造园理论及专业造园家出现	* （太苑、上林苑等） * 金陵诸园如太傅园、凤台园、魏公南园、徐远园邸（清改瞻园）、上海潘式豫园、陈式日涉园、苏州王氏拙政园、徐参议园 * 燕京米仲诏湛园、漫园、勺园 * 绍兴青藤书屋（徐文长宅） * 计成所治吴又矛园

续表

朝代	特色	实例（括号内者为苑囿）
明(公元1368～1644年)	* 造园理论 ——计成《园冶》造园经典，对于造园之原则，景观之布置，石类选用，详记之。 ——陆从珩《醉古堂剑扫》。 ——文震亨《长物志》。 * 此时为文人庭院。 * 明末朱舜水，东走日本，布置后乐园（参照庐山及西湖风景）为日本旧有庭院中之巨擘，影响日本造园甚大	* 苏州四大名园： （宋）沧浪亭； （元）狮子林； （明）拙政园； （清）留园
清(公元1616～1911年)	* 康熙、雍正、乾隆为盛期，有离宫多处，民间造园已很普遍 * 李渔《一家言》 沈复《浮生六记》	*（北海宫苑、圆明、畅春、万春三园、御花园、乾隆花园、热河避暑山庄） 南京袁枚随园 扬州八家花园 李渔半亩园、芥子园，苏州（留园）、网师园、怡园、西园 圆明园 颐和园

注：引自洪得娟，《景观建筑》；修正自黄长美

在城市发展史上，中国古代城市景观最大的变革是宋代封闭的里坊制向开放街市格局转化，这种深远的变革对于城市面貌影响很大。以市楼、高市墙和市门为重要特征的集中封闭式商业区域已经无法适应新的需要，最终随着城市里坊制度的解体而彻底瓦解，被开放式商业街和店铺所取代。以前城市居民的绝大多数活动是在里坊进行的，街道所起的作用主要是交通和分割里坊。自封闭里坊制解体后，诸多城市生活开始转移到街上。中国古代城市与欧洲古代城市不同的是因在相当长的时间内实行的是封闭的里坊制，所以城市中类似广场的公共空间始终发展得很慢。

除了城市公共宅间之外，古代城市中以自然地貌和人工构筑的环圈状线性元素（城墙、沟堑等城防设施）贯穿的城市边界区域城市生活非常丰富。从景观角度来说，城市边界区域往往有清晰界定的实体形象，是城市商业文明发展活跃的地区，而且拥有大量的自然景观和人文景观资源。

2.2 西方景观理论及发展进程

2.2.1 公元前3000多年——地中海东部沿岸古埃及产生世界上最早的规则式园林

地中海东部沿岸地区是西方文明发展的摇篮。公元前3000多年,古埃及在北非建立奴隶制国家。尼罗河冲积沃土,适宜于农业耕作,但国土的其余部分都是沙漠地带。对于沙漠居民来说,在一片炎热荒漠的环境里有水和遮荫树木的"绿洲"是极其珍贵和顶礼膜拜的。同时尼罗河每年泛滥,退水之后需要丈量土地,因而发明了几何学。于是,古埃及人也把几何的概念用之于园林设计。水池和水渠的形状方正规则,房屋和树木都按几何形状加以安排,是世界上最早的规整式园林设计。

2.2.2 公元前500年——古希腊的雅典城邦及罗马别墅宅园

1. 古希腊的雅典城邦

古希腊由许多奴隶制的城邦国家组成。公元前500年,以雅典城邦为代表的完善的自由民主政治带来了文化、科学、艺术的空前繁荣,园林的建设也很兴盛。古希腊园林大体上可以分为三类:第一类是供公共活动浏览的园林。早先原为体育竞技场,后来,为了遮荫而种植的大片树丛逐渐开辟为林荫道,为了灌溉而引来的水渠逐渐形成装饰性的水景。到处陈列着体育竞赛优胜者的大理石雕像,林荫下设置坐椅。人们不仅来此观看体育活动,也可以散步、闲谈和游览。政治学家在这里发表演说,哲学家在这里辩论,为此而修建专用的厅堂,另外还有音乐演奏台以及其他公共活动设施。但这种颇似与现代"文化休息公园"的公共园林存在的时间并不长,随着古希腊民主政体的衰亡而逐渐消失。第二类是城市住宅,四周以柱廊围绕成庭院,庭院中散置水池和花木。第三类是寺庙园林即以神庙为主体的园林风景区,例如德尔菲圣山(The Mountain Sanctuary of Delphi)。

2. 罗马别墅花园

罗马继承古希腊的传统而着重发展了别墅园(Villa Garden)和宅园这两类,别墅园的修建在郊外和城内的丘陵地带,包括居住房屋、水渠、水池、草地和树林。当时的一位官员和著作家的 Pliny 对此曾有过生动的描写:别墅园林之所以怡人心神,在于那些爬满常春藤的柱廊和人工栽植的树丛;晶莹的水渠两岸缀以花坛,上下交相辉映。确实美不胜收。还有柔媚的林荫道、敞露在阳光下的洁池、华丽的客厅、精制的餐室和卧室……这些都为人们在中午和晚上提供了愉快安谧的场所。庞贝(Pompei)古城内保存着的许多宅园遗址一般均为四合庭院的形式,一面是正厅,其余三面环以游廊,在游廊的墙壁上画上树木、喷泉、花鸟以及远景等的壁画,造成一种扩大空间的感觉。

2.2.3　7世纪——阿拉伯人建立的伊斯兰大帝国

7世纪，阿拉伯人征服了东起印度河，西到伊比利亚半岛的广大地带，建立一个横跨亚、非、拉三大洲的伊斯兰大帝国，虽然后来分裂成许多小国，但由于伊斯兰教教义的约束，在这个广大的地区内仍然保持着伊斯兰文化的共同特点。阿拉伯人早先原是沙漠上的游牧民族，祖先逐水而居的帐幕生涯，对"绿洲"和水的特殊感情在园林艺术上有着深刻的反映；另一方面又受到古埃及的影响，从而形成了阿拉伯园林的独特风格：以水池或水渠为中心，水经常处于流动的状态，发出轻微悦耳的声音。建筑物大半通透开敞，园林景观具有一定幽静的气氛。

2.2.4　14世纪——伊斯兰园林的鼎盛　印度莫卧儿园林

14世纪是伊斯兰园林的鼎盛时期。此后，在东方演变为印度的莫卧儿的两种形式：一种是以水渠、草地、树林、花坛和花池为主体而成对称均齐的布置，建筑居于次要的地位。另一种则突出建筑的形象，中央为殿堂，围墙的四周有角楼，所有的水池、水渠、花木和道路均按几何对称的关系来安排。著名的泰姬陵即属后者的代表。

2.2.5　15世纪——欧洲西南端的伊比利亚半岛

欧洲西南端的伊比利亚半岛上的几个伊斯兰王国直到15世纪才被西班牙的天主教政权统一。由于地理环境和长期的安定局面，园林艺术得以持续的发展。伊斯兰传统建筑风格也逐渐吸收了罗马的若干特点，格拉那达的阿尔罕伯宫即为典型的例子。这座由许多院落组成的宫苑位于地势险要的山上，建筑物除居住用房外大部分为马蹄形券洞，可以看到苑外的群峰。再加上穿插引流的水渠和水池，整座宫殿充满了"绿洲"的情调。宫内园林以庭院为主，采取罗马宅院四合庭院的形式，其中最精彩的是拓溜园（Court of Myriles）和狮子院（Court of Lions）。拓溜园的中庭纵横一个长方形水池，两旁是修剪得很整齐的拓榴树篱。水池中摇曳着马蹄形券廊的倒影，显示一派安详的氛围。方整宁静的水面与暗绿色的树篱对比更显精致繁荣，色彩显著的建筑雕塑，赋予环境生机勃勃的气息。狮子院四周均为马蹄形券廊，纵横两条水渠贯穿全院，水渠的交汇处即庭院的中央设置一喷泉，它的基座上雕刻着12个大理石狮像（伊斯兰教的教规禁止以动物作装饰题材，这12个狮像是后来加上去的）。阿尔罕伯拉宫的这种理水手法在一定程度上影响并启发了后来的法国园林。

2.2.6　15世纪后期——欧洲意大利半岛的理水方式和园林小品的产生

15世纪是欧洲商业资本的上升期，意大利出现了许多以城市为中心的商业城邦。政治上的安定和经济上的繁荣必然带来文化的发展。人们的思想从中世纪宗教中解脱出来，摆脱了宗教的禁锢，充分意识到自身能力和创造力。"人性的解放"结合对古希腊罗马灿烂文化的重新认识，从而开创了意大利"文艺复兴"的高潮，园林艺术也是这个文化高潮里面重要部分。

意大利半岛三面濒海而多山地，气候温和，阳光明媚。积累了大量财富的贵族、大主教、商业资本家们在城市修建华丽的住宅，也在郊外经营别墅作为休闲的场所，别墅宅园成为意大利文艺复兴园林中的最具代表性的一种类型。别墅宅园多半建立在山坡地段上，依坡势而建成若干的台地，即所谓的台地园。园林的规划设计一般都由建筑师担任，因而运用了许多古典建筑的设计手法。主要建筑物通常位于山坡地段的最高处，在它的前面沿山坡而引出的一条中轴线上开辟层层台地，分别配置保坎、平台、花坛、水池、喷泉、雕像。各层台地之间以蹬道相联系。中轴线两旁栽植高耸的丝杉、黄杨、石松等树丛作为园林本生与周围自然环境的过渡。站在台地上顺着中轴线的纵深方向眺望，可以一览无限深远的园外借景。

理水的手法远较过去丰富。每与高处汇聚水源作贮水池，然后顺坡势往下引注成为水瀑，平濑或流水梯（Water Stair），在下层台地则利用水落差的压力做出各式喷泉，最低一层平台地上又汇聚为水池。此外，常有为欣赏流水声音而设的装置，甚至有意识地利用激水之声构成音乐的旋律。

作为装饰点缀的"园林小品"也极其多样，那些雕刻精美的石栏杆、石坛罐、保坎、碑铭以及为数众多的、以古典神话为题材的大理石雕像，它们本身的光亮晶莹衬托着暗绿色的树丛，与碧水蓝天相掩映，产生一种生动而强烈的色彩和质感的对比。

意大利文艺复兴式园林中还出现一种新的造园手法——绣毯式的植坛（Parterre），即在一块大面积的平地上利用灌木花草的栽植镶嵌组合成各种纹样图案，好像铺在地上的地毯。

2.2.7 17世纪——法国的中轴线对称规整的园林布局

17世纪，意大利文艺复兴式园林传入法国。法国多平原，有大片天然植被和大量的河流湖泊。法国人并没有完全接受台地园的形式，而是把中轴线对称均齐的整齐式的园林布局手法运用于平地造园。

17世纪末，欧洲资本主义的原始积累加速进行着，君主专制政权成了资产阶级和旧贵族共同镇压农民和城市平民的国家机器。法国在当时已经是世界上最强大的中央集权制君主国家，国王路易十四建立了一个绝对君权的中央政府，尽量运用一切文化艺术手段来宣扬君主的权威。宫殿和园林作为艺术创作当然也不例外，巴黎近郊的凡尔赛宫（Versallei）就是一个典型的例子。

凡尔赛宫占地极广，大约有600余 hm^2，是路易十四仿照财政大臣富凯的围攻园的样式而建成的，包括"宫"和"苑"两部分。广大的苑林区在宫殿建筑的西面，由著名的造园家靳诺特（Andri Le Notre）设计规划。它有一条自宫殿中央往西延伸长达 2km 的中轴线，两侧大片的树林把中轴线衬托成为一条宽阔的林荫大道，自西向东一直消逝在无垠的天际。林荫大道的设计分为东西两段：西段以水景为主，包括十字形的大水渠和阿波罗水池，饰以大理石雕像和喷泉。南端为动物饲养园。东端的开阔平地上则是左右对称布置的几组大型的"绣毯式植坛"。林荫道两侧的树林隐藏地布列着一些洞府、水景剧场（Water Theatre）、迷宫、小型别墅等，是较为安静私密的休闲观赏场所。树林里还开辟出许多笔直交叉的小林荫路，它们的尽端都有对景，因此形成一系列的视景线（Vista），故此种园林又叫做视景园（Vista Garden）。中央大林荫道上的水池、喷泉、台阶、保坎、雕像等建筑小品以及植坛、绿篱均严格按对称均齐的几何格式布局，是规整式园林的典范，较之意大利文艺复兴园林更明显地反映了有组织有秩序的古典主义原则。它所显示的恢弘气概和雍容华贵的景观也远非前者所能比拟。

2.2.8　18世纪初期——英国的风景式园林的盛行

英伦三岛多为起伏丘陵，17～18世纪时由于毛纺工业的发展而开辟了许多牧羊的草场。如茵的草地、森林、树丛与丘陵地貌相结合，构成了英国天然景致的特殊景观。这种优美的自然景观促进了风景画和田园诗的兴盛。而风景画和浪漫派诗人对大自然的纵情讴歌又使得英国人对天然风景之美产生了深厚的感情。这种思潮也影响着园林艺术，于是封闭的"城堡园林"和规整严谨的"勒诺特式"园林逐渐被人们所厌弃而促使他们去探索另一种近乎自然，返璞归真的新的园林风格——风景式园林。

英国的风景式园林兴起于 18 世纪初期。与勒诺特式的园林完全相反，它否定了纹样植坛、笔直的林荫道、方正的水池、修剪的树木。扬弃了一切几何形状和对称均齐的布局，代之以弯曲的道路、自然式的树丛和草地、蜿蜒的河流，讲究借景和与园外的自然环境相融合。为了彻底消除园内外景观界限，英国人想出一个办法，把园墙修筑在深沟之中，即所谓"沉墙"。当这种造园风格盛行的时候，英国过去的许多出色的文艺复兴和勒诺特式园林都被平毁而改造成为风景式的园林。

风景式园林比规整式园林，在人工与天然相结合、突出自然景观方面有其独特的成就。但物极必反，却又逐渐走向另一个完全极端，即完全以自然风景或者风景画作为抄袭的蓝本，以致营建园林虽然耗费了大量的人力和资金，而所得到的效果与原始的天然风致并没有什么区别。看不到多少人为加工的点染，虽源于自然，但未必高于自然。这种情况也引起了人们的反感。因此，从造园家列普顿（Humphry Replom）开始又使用台地、绿篱、人工理水、植物整形修剪，以及日晷、鸟舍、雕像等的建筑小品；特别注意树的外形与建筑形象的配合衬托，以及虚实、色彩、明暗的比例关系。甚至在园林中故意设置废墟、残碑、断蝎、朽桥、枯树以渲染一种浪漫的情调,这就是所谓的"浪漫派"园林。

这时候,通过在中国的耶稣会传教士致罗马教廷的通信,以圆明园为代表的中国园林艺术被介绍到欧洲。英国皇家建筑师张伯斯(William Chambers)两度游历中国,归来后著文盛谈中国园林,并在他所设计的丘园(Kew Garden)中首次运用所谓"中国式"的手法,虽然不过是一些肤浅和不伦不类的点缀,终于也形成一个流派,法国人称之为"中英式"园林,在欧洲曾经盛行一时。

2.2.9　19世纪中叶——植物研究成为专门的学科,大量花卉开始在景观中运用

19世纪中叶,欧洲人从海外大量引进树木和花卉的新品种而加以培植,观赏植物的研究逐渐成为一门专业的学科。在此时期,园林设计中非常讲究花卉的形态、色彩、香味、花期和栽植方式,其景观元素地位越来越重要。造园大量使用了花坛,并且出现了以花卉配置为主要内容的"花园",乃至以某一种花卉为主题的花园,如玫瑰园、百合园等。

2.2.10　19世纪后期——大工业的发展,郊野地区开始兴建别墅园林

19世纪后期,由于大工业的发展,许多资本主义国家的城市日益膨胀、人口越发集中,大城市开始出现居住条件明显两极分化的现象。劳动人民聚居的"贫民窟"(Slum)环境污秽、嘈杂。即使在市政府设施完善的资产阶级住宅区也由于地价昂贵,经营宅园不易。资产阶级纷纷远离城市寻找更为舒适的环境,加之以现代交通工具发达,百十里之遥朝发夕至。于是,在郊野地区兴建别墅园林成为一时风尚,19世纪末到20世纪是这类园林最为兴盛的时期。

当时的许多学者已经看到城市建筑过于稠密和拥挤所造成的后果,尤其是终年居住在贫民窟里面的工人阶级迫切需要优美的园林环境作为生活的调剂。因此,在提出种种城市规划的理论和方案设想的同时也考虑到园林绿化的问题。其中霍华德(E.Howard)倡导的"花园城"不仅是很有代表性的一种理论,而且在英国、美国都有若干实践的例子,但最终并未得到推广。至于其他形形色色的学说则大都是资本主义制度下不易实现的空想。另一方面,在资产阶级居住区却也相应出现了一些新的园林类型:比较早的如伦敦花园广场;稍后,公园被纳入到住宅区的规划中。

2.2.11　20世纪以来(第一次世界大战以后)——现代流派的发展促生了现代园林

第一次世界大战以后,造型艺术和建筑艺术中的各种现代流派不断催生,园林也受到它们潜移默化的影响,尝试将现代艺术和现代建筑的构图规律运用于造园设计当中,从而形成一种新型风格的"现代园林"。这种园林的规划,讲究自由布局和空间的穿插,建筑、水、山和植物讲究形体、质地、色彩的抽象构图,并且还吸收

了日本庭园的某些意匠和手法。现代园林随着现代建筑和造园技术的发展而风行于全世界，至今仍方兴未艾。

2.3 中西方景观文化的相互影响与渗透

东方与西方因民族个性、地理环境、文化发展及历史演变过程的不同，所产生的景观风格也有所差异。东方造园起源于中国，西方造园起源于埃及与地中海沿岸，由于两个区域各具不同的地貌特征、文化背景、哲学意识及审美思想，因此其景观造园形式演变过程也有所不同。

2.3.1 西方景园演变及特色

传统西方造园起源于埃及，加之因尼罗河泛滥而引发的几何学及测量学，并深受宗教影响，出现了所谓几何式庭园。这时庭园的主要目的在实用而非观赏。当时中东的巴比伦及波斯的宫殿建筑富丽堂皇，并逐渐影响了欧洲的审美观念。欧洲最早接受埃及及中东影响的是希腊，希腊将精美的雕塑艺术及地中海盛产的植物加入进庭园设计当中，使过去实用性的造园加强了观赏的功能。几何式造园传入罗马，再演变到意大利，他们加强了水在造园中的重要性，许多美妙的喷泉出现在园景中，并在山坡上建造了许多台坡式的庭园。这种庭园的另一个特点，就是将树木修剪成几何图形。由于当时的庭园多为有权势的人享用，所以极度的豪华与人工化，以表达出园主的权势地位。意大利的台坡式庭园传到法国后，成为平坦辽阔的形式，并且加入了更多的植物栽植，同时进行人工图案修剪，确定了几何式庭园特征，并广泛影响到整个欧洲造园的风格。几何式造园特点如下：

(1) 整个庭园呈对称格局，中央有主景观轴，两侧均为相对等的布局，并划分成若干次轴；

(2) 树木栽植成行列，并多修剪成规律的几何形，花草栽植为复杂的地毯式图案；

(3) 庭园中央或道路交汇处常常设置喷水池、纪念碑、景观亭等造景元素，并在园中各处点缀雕像。

但是当法国几何式造园在欧洲大陆风行的同时，英国一部分造园家并不认同这种违背自然的庭园形式，并提倡自然式庭园。自然式庭院一般具有天然风景似的森林及河流，像牧场似的草地及散植的花草。

英国式与法国式的极端相反的造园形式，后来融合产生了混合式庭园，并形成了美国及其他各国造园的主流，并加入科学技术及新潮艺术的内容，逐步确立了景观造园在休闲及商业上的地位。

2.3.2 中国造园演变及特色

与西方文明下所演化的景观造园所不同的是，古老的中国以取法自然、与自然和谐共生的方式，产生了独特的中国造园风格，并显示出基本的民族特性。当然中国的造园也随着历代封建王朝的变更有所发展，帝王为了显示权贵及享乐，在庭园中增加了人工化的设施，但这些设施也都尽量模拟自然界的造型与感觉，所以中国造园可以说是"人工造出来的自然"。这种人工的自然式庭园特点如下：

（1）以山水为庭园重点，而假山与水池都尽可能表达出天然山水的特点及意境；

（2）庭园中人工设施如道路、景园建筑、装饰、植栽，均尽可能采用曲线或模仿自然物之形象；

（3）重视意境美及景观内含的表达，无论建构物或花木，均表达内涵，启发思考重于视觉美感。

中国造园曾经影响欧洲和日本，故从日本的著名庭园中，我们也可以找到不少中国庭园的例子。

中国的造园受西洋影响是在清朝后期，最著名的例子就是圆明园中的西洋楼，有西洋风味的建筑物及喷水池。而现代中国景观设计吸取着西方现代景观意识与方式，同时保有并继承发扬着传统造园特色。

2.3.3 中西方景园建筑风格对比

从园林的建筑风格看，古典园林有西方古典园林和中国古典园林两大系统，规整园林和风景园林两种基本形式。古今中外，园林都是因地制宜，巧妙借景，使建筑具有自然风趣的环境艺术，它们是自然的艺术再现。如果说中外园林在艺术风格上存在基本差异的话，那就是中国古代园林重在体现"天人合一"的观念，而西方园林则重在表现人为的力量。

西方古典园林以法国的规整式园林为代表，崇尚开放，流行整齐、对称的几何图形格局，通过人工美以表现人对自然的控制和改造，显示人为的力量。它一般呈具有中轴线的几何格局：地毯式的花圃草地、笔直的林荫路、整齐的水池、华丽的喷泉和雕像、排成行的树木（或修剪成一定造型的绿篱）、壮丽的建筑物等，通过这些布局反映了当时的封建统治意识，满足其追求排场或举行盛大宴会、舞会的需要。其最有代表性的是巴黎的凡尔赛宫。

中国古典园林是风景式园林的典型，是人们在一定空间内，经过精心设计，运用各种造园手法将山、水、植物、建筑等加以构配而组合成源于自然有高于自然的有机整体，将人工美和自然美巧妙地相结合，从而做到虽由人做，宛若天成。这种"师法自然"的造园艺术，体现了人的自然化和自然的人化，使中国园林属于写情的自然山水型。它以自然界的山水为蓝本,由曲折之水、错落之山、迂回之径、参差之石、幽奇之洞所构成的建筑环境把自然界的景色荟萃一处,以此借景生情,托物言志。中国古典园林还将中华民族的性格和文化统统表现了出来,如端庄、含蓄、幽静、雅致等。它使人足不出户而能领略多种风情,于潜移默化之中受到大自然的陶冶和艺术的熏染。

中西方园林艺术风格比较　　　　　表 2.3

类别	西方园林艺术风格	中国园林艺术风格
园林布局	几何形规则布局	生态形自由式布局
园林道路	轴线笔直式林荫大道	迂回曲折、曲径通幽
园林树木	整形对植、列植	自然形孤植、散植
园林花卉	图案花坛,重色彩	盆栽花卉、重姿态
园林水景	喷泉瀑布	溪池滴泉
园林空间	大草坪铺展	假山起伏
园林雕塑	人物、动物雕像	大型整体太湖巨石
园林取景	视线限定	步移景换
园林景态	开敞袒露	幽闭深藏
园林风格	骑士的罗曼蒂克	诗情画意、情景交融

第3章
基地分析与景观规划

对于任何一个景观设计，必须在前期有一个彻底的基地调查和各种形式信息的收集。本章所关注的基地与景观规划，将影响到最终的景观设计。

要了解一块基地与景观之间的关系，应先具备基本的资料才能对基地进行正确的规划与设计。

3.1 基地调查与分析

3.1.1 基地调查

所谓基地调查，即在法定范围、界线之内，对目标基地内的地形地势及相关细部事项，包括气候、植栽、社会形态、动线分布情况及历史背景等，进行并整理一份完整的调查报告。

1．基地范围、界线

利用缩小比例的地图，经过测绘工作，确定基地范围所属及界线位置。

2．基地地势调查

地势的定义即为地表与空气的交界面，亦为地表面。其本身往往决定了基地的发展形势，而其中坡度更是反映基地特性的重要因素之一。应利用工具调查并绘制出基地等高线并标注高差。地形亦影响地下水位的位置，而水位亦会影响基地形式的配置，所以善用水资源也是景观建筑中一门重要的课程。

3．细部事项调查

（1）基地辐射人群

基地服务人群特性、人数、年岁及活动特征。

（2）地形、地貌及位置

基地土地形态特征。邻近土地使用情况及特征。

（3）水文、土壤

确定基地水文特征。确定建筑用水流向。界定地下水状态。界定土壤形态、性质、渗透率等物理特性。

(4) 植被

界定并标示现有的植栽名称、大小、高度、宽度及乔木树冠的高度、外形、颜色（叶片及花）、质地及任何独特外貌或特征。界定所有现有植物材料的价值及业主的意见。界定植被区域或附近开发的限制因素。

(5) 微气候

界定全年的季节变化、日出及日落的太阳方位；分析全年里不同季节不同时间的太阳高度。确定夏天及冬天阳光照射最多的位置区域。明确并标示夏天午后阳光的暴晒区域。标示夏季及冬季遮荫最多的区域。确定整年季风的方向。界定并标示夏季微风吹送区域及保护区。界定并标示冬季冷风吹送区域及保护区。核实温度差距范围。核实最高与最低降雨量时期。

(6) 周边建筑、构筑物及设施

建筑物地基及门、窗位置（离地面的高度）。建筑物里的房间位置、使用率。地下室窗户位置（离地面的高度）；户外管线、户外照明用电等。建筑物的外观形态及材料。由建筑物内向外的视觉观察点。

确定水管、煤气管、电线管、弱电系统管线、污水槽、过滤槽等的位置及其在地表上的高度或地下的深度，电话及电压转换箱的位置。确定冷气机的高度及位置，检查空气流动方向。确定照明位置与管线。确定灌溉系统位置。

(7) 视线景观分析

由基地每个角度观察并界定所看到的内容；观察并界定由室内（较常使用的房间）向外看的景观在设计中处理的方法；由基地外观察并界定看到的内容，包括确定由街道观看的视野、基地上最好的视景和最差的视景。

(8) 空间与感受

界定现有户外空间特征及感觉特色。确定噪声及不佳气味位置。

在基地调查过程中，设计者应有效地掌握基地的各种相关状况，并应亲自对基地进行勘查，增加对基地的熟悉度。经过逐步且有系统的基地调查工作，不断对调查的结果整理修正，以形成辅助设计的最确切的资料，并作出针对基地天然资源的合理规划构想，发挥基地本身特点，创造高品质的景观环境。

3.1.2 基地分析

(1) 基地环境条件分析

在基地调查工作完成后,便可以开始对其资料进行整理与分析,根据基地的特点,作出最有价值的土地利用规划。基地分析首先应分析基地的条件及日后的使用目的,而其使用目的亦会随着基地限制的不同而不同,故基地分析亦会随着使用功能的不同而不同。

基地分析的工作,包括基地本身的环境条件与外部环境的关系、使用者的视觉控制、自然风景与未来空间模式策划,以及日后基地景观在美学上的地位价值等,这些都是基地分析的重要工作。

基地中的环境条件对基地的开发利用有深远的影响,现有的自然资源与人为使用资源的方式与关系的了解,可使环境破坏减低至最小,亦使基地的开发更为合理。它包括:自然环境因素、地形、土壤、生态、社会因素及当地政府的法令限制。

(2) 基地与外部环境的相互联系

交通路网与道路循环系统,是基地中的使用者与外界活动的联系中枢,即车道循环系统的建立,亦是基地结构中的重要工作之一。设计者需考虑的主要问题是如何发展车行和步行的道路循环系统,而公共设施及通讯管道皆与道路和步行形态有直接的关系。例如电话线和电线的埋设,通常都位于道路系统附近。而现有建筑物的范围、位置、高度、类别、好坏程度与使用性质也影响着道路循环系统的建立。

(3) 视觉控制与基地美感品质建立

基地分析时,视觉的感受亦是控制基地发展的主要因素之一。基地景观对于审美感受的反应,可以直接通过引导人群视线,将进入者的注意力集中于基地某处,以强化手段突出基地特点,以达成基地与使用者之间的互动关系。其景观感受应包括:视觉空间的特性与关联性;视点、视觉的焦点、街景;视觉连续的韵律与特质;光线、声音、气味、感受等品质的变化。

基地中原本存在的任何一个天然或人为的景点,在美学的观点上,皆有其特色与价值。在基地分析上应作针对性研究,以确定这个基地景观规划后的取舍,以及在美学价值上的定位。

(4) 自然景致与未来空间发展模式

根据基地中的自然景观,直接发展基地计划,以最少的改变,充分利用基地的自然资源,发挥基地独有特征,并通过对过去与未来的发展分析人们对环境所产生的印象,来展现未来空间的发展模式。

各种设施的理想坡度   表3.1-1

理想坡度 各种设施	最高（%）	最低（%）
1. 道路（混凝土）	8	0.50
2. 停车场（混凝土）	5	0.50
3. 服务区（混凝土）	5	0.50
4. 进入建筑物的主要通路	4	1
5. 建筑物的门廊或入口	2	1
6. 服务步道	8	1
7. 斜坡	10	1
8. 轮椅斜坡	8.33	1
9. 阳台及休憩区	2	—
10. 游憩用的草皮区	3	2
11. 低湿地	10	2
12. 已整草地	3∶1 坡度	—
13. 未整草地	2∶1 坡度	—

坡度与土地的利用   表3.1-2

坡度	土地利用种类
0～15%（8°32′以下）	可建设用地、农地
15%～55%（8°32′～28°49′）	农牧用地
55%～100%（28°49′～45°）	林农用地
100%以上（45°以上）	危险陡坡（其下方不准建造建筑）

坡度对于社区使用及活动限制表   表3.1-3

坡度	项目	土地使用	建筑形态	活动	道路设施	车速（km/h）		水土保持
						一般汽车	公共汽车或货车	
5%以下（2°52′）		适于各种土地使用	适于各种建筑	适于各种活动	区域或地区间活动	60～70	50～70	不需要
5%～10%（2°52′～5°43′）		只适于住宅或小规模建设	适于各种建筑或高级住宅	只适于非正式活动	主要或次要道路	25～60	25～50	不需要

续表

坡度 \ 项目	土地使用	建筑形态	活动	道路设施	车速（km/h）		水土保持
					一般汽车	公共汽车或货车	
10%～15% (5°43′～8°32′)	不适于大规模建设	不适于大规模建设	只适于自由活动或山地活动	小段坡道	不适于汽车行驶	不适于公共汽车或货车行驶	不需要
15%～45% (8°32′～24°14′)	不适于大规模建设	只适于阶梯住宅或高级住宅建筑	不适于活动	不适于道路建设	不适于汽车行驶	不适于公共汽车或货车行驶	应铺草皮保护
45%以上 (24°14′以上)	不适于大规模建设	不适于建筑	不适于活动	不适于道路建设	不适于汽车行驶	不适于公共汽车或货车行驶	水土保持困难

3.2 景观规划原则

一般所谓的景观就是视线所及的土地景象。那么以景观的观点来看植物生态保护的价值，就是评估植物生态分布的视觉状况。而进行景观规划时，不仅应注重地形（标高、倾斜度、方向），还应包含对视野（视线方向、视野范围）或是对环境眺望点的设计。因此，我们进行景观规划时，应由所处环境来理解地表状态的景观价值。

查德威克定义："规划仅是一项人类最平凡的活动。规划本身也只是一项凭事实推论，为未来设想而作为行为准则的思考过程。"由此可知规划是一项对特定范围作持续性的研究工作。而景观规划，如依劳瑞所说："是土地未来的利用方式，视土地为一种资源，考虑其价值与社会对它目前及未来的需求后，研究拟出一个最适合的开发方案。"亦即针对该景观基地的自然环境、社会环境及人文环境作顺序性的计划，并以发挥基地的景观特点为最终目的。同时，对于规划的对象、项目、内容、方法、人员选择、时期等种种工作，作持续的回馈与探讨，最终达成景观规划的目标。

进行景观规划时，通常必须经过：①掌握现状，提出计划构思；②构思评估；③制定发展方针；④对计划的建议；⑤计划案的拟订。经过这些阶段以后，整个工作准备阶段才告完成。其后的景观规划应依据计划的目的与意图，并掌握住计划的原则和方向。

3.2.1 规划对象

景观规划对象范围较广，主要有：居住区、商业区、娱乐休闲区、风景区、交通绿地等。其规划应包含对这些用地的开发计划、用地整治和现状绿地的调查。

3.2.2 规划理念

应注重规划的理念构想与周边环境的协调性，以维持基地原有的区域特性。并对原有的自然资产加以评估及分级，作出对原有资源加以保存利用及附加于自然资产设定的绿地构想图。

3.2.3 规划程序

包括基地开发的先决条件、开发区域的选定、开发用地需要的调查、规划构想的形成与回馈、构想理念的确定、基地的施工与完成。

3.2.4 规划方针

景观设计时，必须依据规划的方向，并对它进行不断的研究与发展，以达成最终目标，才能使规划过程不偏离主题，并高效准确地实施进行。

综合以上有关规划原则，实行土地开发利用，必须在规划时、施工前，事先评估开发所造成的影响，配合自然环境及基地内结构物的整治计划，完成景观规划开发的设计理念。

只有掌握景观规划的原则，才能最恰当地发挥基地景观独有特点，达成景观规划的目的和意图。遵循规划理念，进行规划构想的发展与研究，从而得到理想的成果，把每一项机能元素与地方色彩加以适当的配合，表现最理想的一面，以开创具有独特个性的景观建筑风格，完成最佳设计计划方案。

第4章
景观设计

4.1 景观设计

现今,景观(Landscape)设计已经深入到了城市和住宅建设的方方面面。如：花园、庭院、公园、城市广场、街道、街头绿地、校园、社区等,无处不被景观设计所覆盖。从这个意义上讲,景观设计也是对我们生活环境的修饰和设计。那么,该用怎样的心态和方式处理好人与"环境景观"的关系呢？就是应该在利用大自然的同时,一定不能忘记善待大自然。老子曰："人法地、地法天、天法道、道法自然"。可见人类只有真诚地接近和面对大自然,才能够拥有和谐和美好。

景观作为现代设计的重要门类之一,完全可以反映出人类的世界观、价值观、伦理道德,景观设计也是人们实现梦想的途径。在农业时代,人们对自然敬畏和崇拜,不敢有违天地,便用心目中的宇宙模式来设计心中的景观,以祈天赐福；中世纪的欧洲,神权统治一切（图4.1-1），上帝成为人类生活中心,便出现了以教堂为中心的城市和乡村布局形式；文艺复兴解放了人性和科学,因为有以人为中心和推崇理性分析的世界观和方法论,便产生了几何对称和图案化的理想城市模式,甚至于将自然几何化（图4.1-2a、图4.1-2b）；工业革命带来了新的设计美学,机器成为万能的主宰,因此,才有了柯布西耶的快

图4.1-1　女神雕像

图 4.1-2a 几何化的绿化图案(一)

图 4.1-2b 几何化的绿化图案(二)

速城市模式和他所推崇的"机械的美",城市公园和绿地如同城市的商业区、生活区、办公区一样,变成城市机器的一个个零件。人们在不同的地块上完成不同的功能:工作、购物、居住、休闲。可见,不同的历史时期对景观设计带来的影响是巨大的,而景观设计同样也映射出了处于不同历史时期的人类的世界观和价值观,对人类的生存发展也起到了巨大的作用。

4.2 影响景观设计的因素

4.2.1 景观的自然环境因素

环境是以人类社会为主体的外部世界的总体,是人类进行生产和生活的场所,是人类生存与发展的物质基础。人类环境包括自然环境和社会环境。我们这里主要所涉及的首先是自然环境因素。自然环境主要指人类赖以生存、发展生产所必需的自然条件和自然资源的总称,它既为人类提供了生存环境,也为人类生存提供了必要的资源。

由自然环境因素所涉及的环境问题,是指由于人类活动作用于周围环境所引起的环境质量变化,以及这种变化对人类的生产、生活和健康造成的影响。自从有了人类以后,环境问题就存在了,并且随着经济和社会的发展而不断变化。

1. 自然环境因素的概念

自然环境因素是指具有社会有效性和相对稀缺性的自然物质或自然环境的总称。联合国出版的文献中对自然资源的涵义解释为:"人在其自然环境中发现的各种成分,只要它能以任何方式为人类提供福利的都属于自然资源。从广义来说,自然资源包括全球范围内的一切要素,它既包括过去进化阶段中无生命的物理成分,如矿物,又包括地球演化过程中的产物,如植物、动物、景观要素、地形、水、空气、土壤和化石资源等。"自然环境因素构成人类生存环境的基本要素,更是影响景观设计的重要因素之一。

2. 影响景观设计的自然环境资源因素

首先,自然环境因素包括土地资源、气候资源、水资源、植物资源、矿产资源、能源资源等。这些因素都可以对景观设计造成一定的外在因素的影响,但同时也是景观设计可以借鉴和利用的条件。

(1) 土地资源因素

土地是一个独立的自然综合体,是人类所赖以生存的基础,是人类生活和生产活动的主要空间场所,更是景观需要实施的最基本的条件,而现今土地资源的紧缺更使得景观的地形和面积的选择也更富有了历史的使命感。土地资源是不可再生的,但土地的利用方式和属性是可以循环再生的。而景观设计首先依托的重要因素之一就是土地资源因素。充分、有效而合理地对土地加以利用是景观设计之本。

(2) 气候资源因素

气候资源是指地球上生命赖以产生、存在和发展的基本条件。根据当地的气候特点和气候因素来作为景观设计前期的调节因素也是必不可少的,正是所谓的"因地制宜"。

(3) 水资源利用的因素

水资源包括湖泊淡水、土壤水、大气水和河川水等淡水量。海水淡化前景广阔,因此从广义上讲,海水也可算作水资源。而水资源的利用和开发更加是景观设计中不可或缺的神来之笔。滨水地带是物种最丰富的地带。水是所有生物生存所必需的前提,而人们与生俱来的亲水性也使得景观设计必然与水是息息相关的。

(4) 植物资源因素

植物是自然界中的第一生产者,也是人类基本的食物来源,植物资源的利用和开发对调节景观的生态平衡,增加亲人性以及美观性方面都有着极大的作用。植物作为建材使用,也是设计生态化的一个重要方面。在景观设计当中,当地乡土物种的利用不但最适宜生长，而且管理和维护成本最低，所以保护和利用地方性物种也是对景观设计师的要求。

（5）矿产资源因素

矿产资源可利用的范围比较广泛，如化工原料、建筑材料等。作为建筑材料的矿物资源，在景观设计的前期就应该考虑进去，因为取材本土化也是景观设计的重点，可以增强景观同当地地貌的统一性，可以大大地节约运输等后期成本，更加能够体现出当地的特色。

（6）能源资源因素

能够提供某种形式能量的物质都可以称为能源。如：来自太阳的能量或是地球本身的能量——热能和原子能等。目前人类对这些资源利用得比较不足，其也是作为日后多种行业发展利用的趋势。作为景观设计的方面可以将太阳能等相关的大自然赋予我们的无限资源加以最大限度的利用。这些资源的潜力也非常大。作为一些高科技的、高人性化的广场和景观设计完全可以将诸如此类的资源大力开发并实施，使得景观的设计不仅艺术化、人性化，而且更加的科技化。

4.2.2 景观的社会环境因素

社会环境因素主要是指个人在社会生活中所涉及的政治、经济、种族、宗教、家庭、人际关系，以及道德、风俗习惯等因素。对于影响景观设计的社会环境因素，很多时候人们的认识，总不是一次完成的，而是要经过多次反复的、逐步的认识，才能得到提高。

1. 外资现象因素的影响

随着我国景观设计市场的放开，一些来自海外的设计公司逐渐进入国内市场，承接设计项目。有些项目的甲方在招投标时，不少人认为他们的设计有新鲜感，加之景观设计市场的不成熟，有的甲方比较迷信国外设计公司而偏向于选择外资单位，因此出现不重视实际的设计水平的现象。但随着市场的发展和国内设计师水平的提高，迷信外资的甲方越来越少了。而是从实际出发，用客观公正的眼光来评判设计的好坏。究竟是否是"外来和尚"已经不再是评判最终设计趋向的重要依据。

2．"特色"之迷惑

现在有些景观设计作品，中国本土园林设计师设计的东西看上去像是外国人设计的，而国外设计师的部分作品却有浓厚的中国味，如同"围城"一样，外面的想进来，里面的想出去，都想尝试不同的经历和感受。

现今城市的发展某些程度上已经出现了许多盲从性，多个城市从东到西、从南到北的"千城一面"。景观设计也有这种现象,可能是由于设计师和市场还不够成熟,有些盲从。

中国设计师也希望设计出有中国特色的作品,但有时我们为了文化而文化,反而表达得不那么突出。而国外设计师看中国文化,却能看到一些精髓的东西。反之,就像我们看国外一样,有时也会提纲挈领抓住其重点。现今的景观设计,强调的是多元化,并不特别限制设计师的风格。景观设计更多的是需要和具体环境相结合。景观设计也要有适地性,并要符合大环境的要求。如果缺乏实用性和适地性考虑,将会导致景观环境与人文需要有差距。

3. 景观设计师的社会责任

近些年,国内设计界与国外交流越来越多,景观设计师在城市建设中的地位也更加重要,景观设计师不仅参与到一个城市总体规划甚至是国土规划领域中,而且往往提出决定性的意见。现在国内已经有专家和企业开始倡导大景观概念,强调景观设计师在国家建设中的作用。

大景观概念是指在一些大范围的规划项目中,应有景观设计师的参与,甚至有的应由景观设计师作出初步规划,建筑、道路、桥梁设计师等紧随其后。大景观概念甚至可以大到对一个国家的规划。但就目前来说,做起来有些不容易。首先是思想上,大家已经习惯了先建房、修路,然后再绿化,要想改变需要作比较大的调整;其次,现在从事景观设计的人员大多是园林专业毕业的,缺乏相关总体规划方面的知识,从事这方面工作还需要一段时间积累经验。作为景观设计工作者,更应逐步加强这方面的业务知识和提高业务水平。

4.2.3 人文环境因素

人文环境特色是景观中的灵魂所在,自然和社会因素可以增加景观的美学欣赏性,而人文资源因素则可以增加景观的文化内涵。因此对此类景观的设计必须建立在自然资源和人文资源的基础之上。人文景观的规划设计还包括对历史遗产的保护和开发利用或展示的过程。

1. 名胜景观

名胜古迹同景观的结合更大程度上体现了人文环境因素对景观发展的促进作用。名胜古迹是指人类历史上流传下来的具有很高艺术价值和观赏效果的各类遗址、建筑物、风景区等。这些景观中所赋予的人文环境因素是人类历史的积淀,更从不同的侧面反映了人类历史发展进程中的阶段性里程,具有里程碑的作用。其中所包含的诸如石窟、壁画等艺术品都在丰富景观设计内涵的同时,也提高了景观的价值,吸引人们去观赏和研究(图4.2-1a)。西方国家也有诸多著名的名胜景观,数不胜数(图

图 4.2-1a 大雁塔北广场万佛灯塔细部　　图 4.2-1b 西方名胜景观

4.2-1b)。

2. 民俗景观

民间习俗等非物质性文化遗产作为人文因素，也对景观设计发展起到了一定意义上的影响。如：体现云南东巴文化的"万神园"体现了少数民族的文化习俗，以及在众多景观设计中的"曲水流觞"亦源自王羲之《兰亭序集》。再如本书第8章中所举例的西安大雁塔边的陕西民俗文化园，也是从陕西的风土文化作为景观设计的主要的出发点，体现了陕西具有代表特色的民俗文化（译见第8章）。

可见人文环境资源不仅是推动景观设计发展的重要力量，也是促进社会持续发展的支撑与保障。

4.3 景观设计基本原则

景观设计是一个庞大、复杂的综合学科，融合了社会行为学、人类文化学、艺术、建筑学、当代科技、历史学、心理学、地域学、自然、地理等众多学科的理论，并且相互交叉渗透。同时，景观设计也是一个古老而又崭新的学科。广义上讲，从古至今人类所从事的有意识的环境改造都可称之为景观设计，它是一种具有时间和空间双重性质的创造活动。

如果我们把景观设计理解为一个对任何有关于人类使用户外空间及土地的问题、提出解决问题的方法，以及监理这一解决方法的实施过程，那么景观设计的宗旨就是为了给人们创造休闲、活动的空间，创造舒适、宜人的环境。而景观设计师的职责就是帮助人类，使人、建筑物、社区、城市，以及人类的生活同地球和谐相处。即遵循了"和谐即是美"这个人类公认的美学定律。

4.3.1 适用性原则

地方性原则

设计应根植于所在的地方。对于任何一个设计,设计师首先应该考虑的问题都首先应该是我们目前所进行的设计处于什么地方。

首先,应尊重传统文化和乡土知识,尊重和吸取当地人的经验。景观设计应根植于所在的地方。由于当地人都依赖于其生活环境获得日常生活的物质资料和精神寄托,他们关于环境的认识和理解是场所经验的有机衍生和积淀,所以设计应考虑地方性和其文化传统给予的启示。例如,在云南的哀牢山中,世代居住在这里的哈尼族人选择在海拔1500～2000m左右的山坡居住。这里冬无严寒,夏无酷暑,最适宜于居住;村寨之上是神圣的龙山。丛林中涵养的水源细水长流,供寨民日常生活所用,水流穿过村寨又携带粪便,自流灌溉梯田。所以山林是整个聚落生态系统的生命之源,因而被视为神圣。哈尼梯田文化之美,也正因为它是一种基于场所经验的本土适应性设计之美。尊重当地的传统文化和乡土知识是景观设计的首要前提。

其次,适应场所自然发展过程。现代人的需要与历史上该场所中的人的需要不尽相同。因此,为场所而设计决不意味着模仿和拘泥于传统的形式。在景观设计中,新的设计形式仍然应以场所的自然发展过程为依据,依据场所中的阳光、地形、水、风、土壤、植被及能量等。设计的过程就是将这些带有场所特征的自然因素结合在设计之中,从而维护场所的健康性。

再次,因地制宜地利用当地植物和建材,将原有景观要素加以利用是景观设计的一个重要方面。植物的自然分布状态本来就有一种无序之美,只要我们在设计中能尊重它,加以适当的改造,完全能创造出充满生态之美的景观。乡土物种不但最适宜于在当地生长,而且管理和维护成本最低。同时因为物种的消失也已成为当代最主要的环境问题,所以保护和利用地方性物种也是时代对景观设计师的重要要求之一。

4.3.2 生态性原则

1. 关于生态设计

"设计"是有意识地塑造物质、能量和过程,来满足预想的需要或欲望,是通过对物质及土地使用来联系自然与文化的纽带。任何与生态过程相协调,尽量使其对环境的破坏影响达到最小的设计形式都称为生态设计。这就意味着设计应尊重物种多样性,减少对资源的剥夺,保持基本的土地营养和水循环,维持植物生境和动物栖息地的质量,以有助于人居环境及生态系统的健康。

生态设计不是某个职业或学科所特有的,它是一种与自然相作用和相协调的方

图 4.3-1 生态景观

图 4.3-2 对自然光的充分利用

式,范围非常之广。同时也不是一种奢侈教条,而是必须。它反映了设计者对自然和社会的责任,是每个设计师的最崇高的职业道德的体现,因为它同时关系到每个人的日常生活和工作;关系到每个人的安全和健康;也关系到人类的持续(图4.3-1)。如果把生态设计理解为远离城市的丛林中或自然保护地的设计,或是环保主义者在其后院的一种实验,或是认为只能在城市中的样板区的一种摆设,那是对生态设计的偏见,至少是对现代和未来生态设计概念的不理解。

2. 生态设计原理

第一,设计中强调保护不可再生资源,作为自然遗产,不在万不得已之时,不予以使用。在东西方文化中,都有保护资源的优秀传统值得借鉴,它们往往以宗教戒律和图腾的形式来实现特殊资源的保护。

第二,尽可能提高包括能源、土地、水、生物资源的使用效率。设计中如果合理地利用自然的过程,如光、风、水等,则可以大大减少能源的使用。新技术的采用往往也可以数以倍计地减少能源和资源的消耗(图4.3-2)。

第三,再生再利用废弃的土地、原有材料,包括植被、土壤、砖石等服务于新的功能,可以大大节约资源和能源的耗费。如,在城市更新过程中,关闭和废弃的工厂可以在生态恢复后成为市民的休闲地,在发达国家的城市景观设计中,这已成为一个不小的潮流。

景观设计学以生态思维为其核心除了上述基本原则外,最重要的就是强调人人都是设计师,人人参与设计过程。生态设计是人与自然的合作,也是人与人合作的过程。传统设计强调设计师的个人创造,认为设计是一个纯粹的、高雅的艺术过程。

所以，从本质上讲，生态设计包含在每个人的一切日常行为之中。

3. 绿色不代表生态

"生态"是一个涵盖内容非常宽泛的中性词，既不含褒义，也不含贬义。"自然"一旦加入人为因素，必然要使用"人工"材料，留下"人工"痕迹，这样肯定会改变甚至阻断自然的"自然进程"，从而对环境的原始生态形成各种干扰。从这个意义上讲，所谓"生态社区"、"生态住宅"并不是完全"原生态"的，相反，其也包含有人对自然的改造和加工。

"人为"因素对自然的改造和加工并不应该完全被排斥，因为纯粹的生态环境固然良好，但这种环境并不一定适合人的生存和生活。必须明确的是：绿色的不一定是生态的；要花费大量人力物力和财力才能形成和保持效果的绿色景观，并不是生态意义上的"绿色"。最小限度地向自然索取，最大限度地与自然和谐相处，这样的城市，才有可能被称作"绿色城市"。

4.3.3 经济性原则

在市场经济中，人们习惯与用货币值来进行经济效益的对比。然而环境污染和生态破坏对经济发展和人民健康的危害又很难浅易直观地表现在市场价值上，同样投入到环保和生态景观维护上的资金和人们显而易见的经济效益很难从视觉或感受上达成一致，也很难当时就和投入的资金统一起来。但是，对于城市景观和生态绿地的投入也依然要本着经济性的原则进行设计和规划。

景观是在一定的经济条件下实现的，必须满足社会的功能，也要符合自然的规律，遵循生态原则，同时还属于艺术的范畴，缺少了其中任何一方，设计就存在缺陷。虽然由于文化的不同，观念的不同，每个设计师有自己侧重的方面。但是景观设计作品如要有持久的生命力，必定是在总体上达到了这些因素的互相平衡，而其中又以 1~2 个因素特别突出。如同 20 世纪 70 年代，一些国家的景观设计师在做景观的时候，特别突出生态性，认为纯自然的原始风景是最理想的。可是后来人们发现，过于"自然化"的环境有些时候不仅不利于使用，而且在视觉上有时也并不被人接受。同时，经济性原则也不能够完全被保证。

4.3.4 艺术性原则

优秀的景观设计必须具备科学性与艺术性两个方面的高度统一，即既满足植物与环境在生态适应性上的统一，又要通过艺术构图原理，体现出植物个体及群体的形式美及人们在欣赏时所产生的意境美。植物景观中艺术性的创造极为细腻又复杂。诗情画景的体现需借鉴于绘画艺术原理及古典文学的运用，巧妙地充分利用植物的形体、线条、色彩、质地进行构图，并通过植物的秀相及生命周期的变化，使之成为一幅活的动态构图。

1. 主题原则

任何景观规划都应有其主题,包括总主题和各分片、分项主题。它是景观园林规划的控制和导引,起到提纲挈领的作用。但在浮躁的城市住区规划中,主题往往被取消,而满足于一张毫无思想性、科学性和功能安排的信口标注、指鹿为马的所谓"漂亮"的画。和城市住区比起来,休闲住区档次更高,规划水准也理应更高,更体现功力,只有选一个有思想深度的主题,才能做出真正好的景观园林规划。

2. 点-线-面原则

所谓面,是指整个景观或景观的某个相对独立的部分,是从事景观园林建设的空间。但整个景观平面的均质化不能造成良好的视觉效果,就要有一些界限为其纲,分割空间、强调差别、引导或阻隔视线。线和线会有交叉,太长的线因易引起视觉模糊也需要间断,就会有点的存在。处理好这三者的关系,景观就走不了大样。如果把握不住,细部做得再多,图纸画得再"好看",也做不出好景观来(图4.3-3)。

图4.3-3 景观点、线、面的应用

3. 收放的原则

一个好的休闲住区景观园林规划,应把放开视线和隐蔽景物尽量结合起来。开放式大空间给人的震撼是其他手法无法替代的,只要有足够的空间,都应该给出适当的大空间来,如成片的绿地、水面、酒店、公建等。隐蔽的含义有两层:一是指把有碍观瞻的东西藏起来,如垃圾站、管线井、过滤池、挡土墙等,是一种被动地应付。更重要的一层含义是把景观有层次地布局,在最佳时机展现,是一种主动的造景。当然还有半隐半现的,如山地的休闲别墅,在景观上处理成若隐若现于树林中的很好的选择(图4.3-4)。

图4.3-4 景观收放手法的应用

4.均衡原则

和城市住区建设中常见的大面积推平场地的做法不同，休闲住区在总体布局中贯彻"尽量尊重自然地形"的原则，这是一种维护和强调差别的做法。但这不等于说不要均衡，即使是在自然地形地貌十分复杂的地段，也要尽量使各部分、各主题、各细部有所响应，避免偏沉和杂乱感。当然，也不是追求绝对化的几何或力学对称，从而给人一种活泼而不是死板的感觉。实现这条原则难度很大，对景观设计师素质的要求极高（图4.3-5）。

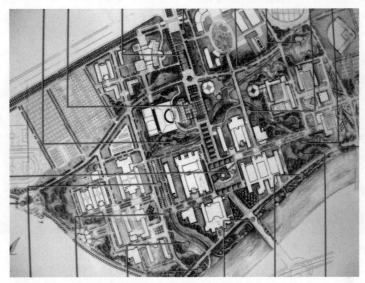

图4.3-5　景观的均衡性

5.设置节点的原则

节点是由线的交叉而产生的，是网络中聚合视线和辐散视线的地方，最先引起人的注意，留下的印象也最深，因此应竭力处理好节点。节点是属于不同层次的，如有的节点是整个小区这个层次上的，有的节点则是住宅组团这个层次上的。但在相应的层次上，都应着意强调它们，使之在整个面上凸显出来。同时节点更多地体现在了一些转角处的小广场和人们的休闲栖息以及活动空间（图4.3-6～图4.3-8）。

6.功能性、艺术性、生态性统一性原则

无论是住区的景观还是城市的景观，功能性、艺术性、生态性都是在规划与设

图 4.3-6 广场休憩场所

图 4.3-7 街角活动空间

图 4.3-8 小区游乐活动区

图 4.3-9 建筑、艺术、功能的结合

计中必须考虑的重要环节。对于城市景观设计来说，功能性、艺术性、生态性的和谐一致是一种境界，更是一种理想状态。在着手景观设计的时候，都要从一个综合的整体来考虑（图 4.3-9）。

4.4 景观设计的程序

4.4.1 初步沟通阶段

1. 接受设计任务、基地实地踏勘，同时收集有关资料

在着手进行总体规划构思之前，必须认真阅读业主提供的《设计任务书》（或《设计招标书》）。在《设计任务书》中详细列出了业主对建设项目的各方面要求：总体定位性质、内容、投资规模、技术经济相符控制及设计周期等。设计师应该首先熟

悉设计任务书。任务书是设计的主要依据，从而明确设计目标。在熟悉了设计任务书之后就应到基地现场踏勘，收集规划设计前必须掌握的原始资料。这些资料包括：①所处地区的气候条件，气温、光照、季风风向、水文、地质土壤（酸碱性、地下水位）。②周围环境，地界红线，主要道路，车流人流方向。③基地内环境，湖泊、植被、河流、水渠分布状况，各处地形标高、走向等。从而得出最后的调研资料，如：区域位置、基地地形、地质、风玫瑰、水源、植被、气象等资料。

总体规划师结合业主提供的基地现状图（又称"红线图"），对基地进行总体了解，对较大的影响因素做到心中有底。今后作总体构思时，针对不利因素加以克服和避让；对有利因素充分地合理利用。此外，还要在总体和一些特殊的基地地块内进行摄影或者简单绘制，将实地现状的情况带回去，以便加深对基地的感性认识。

2. 设计准备阶段

设计准备阶段主要是接受委托任务书，签订合同，明确设计期限并制定设计计划进度安排，考虑各有关工种的配合与协调；明确设计任务和要求，如设计任务的使用性质、功能特点、设计规模、等级标准、总造价，根据任务的使用性质所需创造的室内环境氛围、文化内涵或艺术风格等；熟悉设计有关的规范和定额标准，收集分析必要的资料和信息，包括对现场的调查踏勘以及对同类型实例的参观等。在签订合同或制定投标文件时，还包括设计进度安排、设计费率标准，即景观设计收取甲方设计费占总投入资金的百分比。

4.4.2 研究分析阶段

掌握自然条件、环境状况及历史沿革

(1) 明确甲方对设计任务的要求及历史状况。

(2) 城市绿地总体规划与该设计任务的关系，以及对景观设计上的要求。

(3) 景观周围的环境关系、环境的特点、未来发展情况。如周围有无名胜古迹、人文资源等。

(4) 所设计景观周围城市景观。建筑形式、体量、色彩等与周围市政的交通联系，人流集散方向，周围居民的类型与社会结构，如，属于厂矿区、文教区或商业区等的情况。

(5) 该景观所处地段的能源情况。电源、水源以及排污、排水，周围是否有污染源等情况。

(6) 规划用地的水文、地质、地形、气象等方面的资料。了解地下水位，年与月降雨量。年最高、最低温度的分布时间，年最高、最低湿度及其分布时间。年季风风向、最大风力、风速，以及冰冻线深度等。

（7）植物状况。了解和掌握地区内原有的植物种类、生态、群落组成，还有树木的年龄，观赏特点等。

（8）甲方要求的园林设计标准及投资额度。

4.4.3 设计构想阶段

1. 初步的总体构思及修改

基地现场收集资料后，就必须立即进行整理、归纳，以防遗忘那些较细小的却有较大影响因素的环节。在进行总体规划构思时，要将业主提出的项目总体定位作一个构想，并与抽象的文化内涵相结合，同时必须考虑将设计任务书中的规划内容融合到有形的规划构图中去。

构思草图只是一个初步的规划轮廓，接下去要将草图结合收集到的原始资料进行补充、修改。逐步明确景观中中的入口、广场、道路、湖面、绿地、建筑小品、管理用房等各元素的具体位置。经过这次修改，会使整个规划在功能上趋于合理，在构图形式上符合景观设计的基本原则。

2. 编制总体设计文件

设计者将所收集到的资料，经过分析、研究，定出总体设计原则和目标，编制出进行景观设计的要求和说明。主要包括以下内容：

（1）景观在城市绿地系统中的关系；

（2）景观所处地段的特征及四周环境；

（3）景观的面积和游人容量；

（4）景观总体设计的艺术特色和风格要求；

（5）景观地形设计，包括山体水系等要求；

（6）景观的分期建设实施的程序；

（7）景观建设的投资匡算。

4.4.4 设计执行阶段

1. 方案设计阶段

方案设计阶段是在设计准备阶段的基础上，进一步收集、分析、运用与设计任务有关的资料与信息，构思立意，进行初步方案设计，深入设计，进行方案的分析与比较。

确定初步设计方案，提供设计文件。景观初步方案的文件通常包括：

（1）平面图，常用比例1∶500，1∶1000；

（2）小品立面展开图，常用比例1∶200，1∶500；

(3) 平顶图或仰视图，常用比例 1：500，1：1000；
(4) 景观鸟瞰透视图以及局部节点透视效果图；
(5) 景观所涉及装饰材料实样版面；
(6) 设计意图说明和造价概算。

最后，将规划方案的说明、投资匡（估）算、水电设计的一些主要节点，汇编成文字部分；将规划平面图、功能分区图、绿化种植图、小品设计图、全景透视图、局部景点透视图，汇编成图纸部分。文字部分与图纸部分的结合，就形成一套完整的规划方案文本。

※ 扩初设计评审会

设计者结合专家组方案评审意见，进行深入一步的扩大初步设计（简称"扩初设计"）。在扩初文本中，应该有更详细、更深入的总体规划平面，总体竖向设计平面，总体绿化设计平面，建筑小品的平、立、剖面(标注主要尺寸)。在地形特别复杂的地段，应该绘制详细的剖面图。在剖面图中，必须标明几个主要空间地面的标高（路面标高、地坪标高、室内地坪标高）、湖面标高（水面标高、池底标高）。

在扩初文本中，还应该有详细的水、电气设计说明，如有较大用电、用水设施，要绘制给水排水、电气设计平面图。

初步设计方案需经审定后，方可进行施工图设计。

2. 施工图设计阶段

在总体设计方案最后确定以后，接着就要进行局部详细设计工作。施工图设计阶段需要补充施工所必要的有关图纸，还需包括构造节点详细、细部大样图以及设备管线图，编制施工说明和造价预算。

3. 设计实施阶段

设计实施阶段也即是工程的施工阶段。景观工程在施工前，设计人员应向施工单位进行设计意图说明及图纸的技术交底；工程施工期间需按图纸要求核对施工实况，有时还需根据现场实况提出对图纸的局部修改或补充；施工结束时，会同质检部门和建设单位进行工程验收。

施工设计图纸要求图纸规范。图纸要尽量符合国家建委的《建筑制图标准》的规定。图纸尺寸如下：0号图841mm×1189mm；1号图594mm×841mm；2号图420mm×592mm；3号图297mm×420mm；4号图297mm×210mm。4号图不得加长，如果要加长图纸，只允许加长图纸的长边，特殊情况下，允许加长1～3号图纸的长度、宽度，0号图纸只能加长长边，加长部分的尺寸应为边长的1/8及其倍数。

4.5 景观设计的方法

设计是人类行为的一部分，我们在设计规划城市时可有意识的影响人们的行为活动，城市中的景观作为人生存的环境与人之间的关系就显得尤其重要。

4.5.1 设计分析

1. 大处着眼细处着手——局部整体协调统一

大处着眼，即是景观设计应考虑的几个基本观点。这样，在设计时思考问题和着手设计的起点就高，有一个设计的全局观念。细处着手是指具体进行设计时，必须根据景观的使用性质，深入调查、收集信息，掌握必要的资料和数据，从最基本的人体尺度、人流动线、活动范围和特点等方面着手。景观环境的"局部"，以及和这一景观局部连接的其他环境景观局部，它们之间有着相互依存的密切关系，设计时需要从局部到局部和从局部到整体的多次反复协调，使设计更趋完善合理。

2. 意在笔先或笔意同步

意在笔先原指创作绘画时必须先有立意，即深思熟虑，有了"想法"后再动笔，也就是说设计的构思、立意至关重要。可以说，一项设计，没有立意就等于没有"灵魂"，设计的难度也往往在于要有一个好的构思。具体设计时意在笔先固然好，但是一个较为成熟的构思，往往需要足够的信息量，有商讨和思考的时间，因此也可以边动笔边构思，即所谓笔意同步，在设计前期和出方案过程中使立意、构思逐步明确，但关键仍然是要有一个好的构思。

对于景观设计来说，正确、完整，又有表现力地表达出景观环境设计的构思和意图，使建设者和评审人员能够通过图纸、模型、说明等，全面地了解设计意图，也是非常重要的。图纸质量的完整、精确、优美是第一关，因为在设计中，形象毕竟是很重要的一个方面，而图纸表达则是设计者的语言。一个优秀景观设计的内涵和表达也应该是统一的。

4.5.2 功能分区

1. 功能分区原则

功能分区应首先考虑系统性原则。在规划过程中，将整个景区看作一个系统，而每个小景区是组成系统的元素，元素与元素之间有一定的联系，不能孤立存在，使各区的旅游资源达到互补的效果。

功能分区应考虑因地制宜原则，包括规划区内的资源环境条件、经济发展状况和社会文化背景，并在对所有的自然和人文资源进行客观的分析评价之后，作出切实符合当地实际情况和未来发展趋势的布局选择。

功能分区应考虑时序性原则，人类需求随时间变化不断改变，在资源、资金有限的条件下，见效快、效益好的以人为本的生态设计是首要原则。

功能分区应考虑突出重点原则。某一具体的功能分区并不能包括其范围内的所有资源，为了强调重要景区在开发中的核心地位，在功能分区时遵循"突出重点"原则，即以重点景区的特性旅游产品来统领相应区域内的旅游功能。

图 4.5-1　硬地铺装

2. 功能分区构思层面

从面状层面（整个景观）、线装层面（精品轴）和点状层面（景点），对景区进行功能分区。主要可以分为：

（1）硬地。指景区内的广场硬地面积（图 4.5-1）。

（2）水域。指景区内的水面，包括各类坑塘、湖泊、溪流等水景（图 4.5-2a、图 4.5-2b）。

图 4.5-2a　临潼骊山华清池皇家园林

图 4.5-2b　木质水桥与环境相得益彰（一）

图 4.5-3　增加绿地覆盖率

（3）绿地。对于植被景观，主要是在原有的基础上进行保护、改造、提高，增加有色树种，丰富林相变化和季相变化，使整个景观更加符合美学要求（图 4.5-3）。

分辨出什么是"功能分区"、"景观分区"也是非常重要的。比方有的人把"大草坪区"作为功能分区的。这是不正确的。因为"功能"主要解决游人如何利用绿地的问题，也就是说"怎么用"的问题；而"景观"主要解决游人如何观赏绿地的问题，也就是说"看什么"的问题。功能分区用词的表达应表达出对绿地使用的特点；而景观分区更应点明景观的特征乃至意境。如："草坪区"，本身用词还不太准确，不知是用来表达功能还是用来表达景观特点。按照上述说法，用来表达功能时，可用上"大草坪活动区"或者表明特点的用词："风筝放飞区"等。用来表达景观时,可用上"星空草坪区"、"绿茵草坪区"点出了草坪区可在夜间使用及绿草如茵的特点。

3. 使用功能在景观中的体现

人类近200年的发展相当于人类过去5000多年的发展,在高速发展的社会中,人们的工作和生活压力要比过去任何年代都大。如果人们在下班后可以看到一片葱绿和鲜花组成的造型优美的景观,会马上感到放松,心情舒畅等心理反应。这就是所谓"景观效应",也是视觉功能所起的作用。景观作为一门艺术,要从美学的角度来分析、研究。景观设计在视觉上的精彩创意不但使景观与人之间达成心灵的沟通,而且也是人文主义理念的一种体现。但在景观的设计中,视觉的功能并非是唯一的目的,使用功能是城市景观的另一个组成部分。

所谓景观的使用功能是指:除了视觉的享受之外,人们能融入景观之中,与景观之间产生有益的互动作用,使人全身心得到娱乐的放松,而从中受益。景观的使用功能可分为:休闲娱乐功能、教育功能等。

休闲娱乐功能是指在景观设计中注重游戏、娱乐、体育锻炼的设施的景园建设,休闲娱乐功能可使景观与人之间产生互动。

教育功能是指在人与景观的互动中,人接受的是景观给人有益的教育作用,以知识普及、宣传为主要内容的公园景观。如露天博物馆、科技馆,以及宣传科普环保等知识的场所。在景观的设计上应考虑知识性、文化性和人工景观的结合。

视觉功能一直是主要的功能。美对人说是天生的需求,随着人们对人文主义思想的深入理解,使用功能和视觉功能一样成为城市景观的重要构件。

在城市景观设计中,视觉功能和使用功能是不可或缺的两个因素。在人与城市景观的关系中,视觉功能是指景观不变,人相对被动。而使用功能使人与景观的关系形成了更深意义的互动。景观有了人的参与才更有意义。有了人参与的因素,在设计中就必须考虑更多的人性化设计因素。不管景观有何使用功能,视觉功能是个前提,使用功能相对服从视觉功能(视觉美),是人文主义理念在城市景观设计中对视觉功能的延伸。两者有机的结合才能使景观更加完美。

4. 使用功能的误区

出现使用功能误区的原因有以下几方面。

(1) 传统的以视觉为中心的理念根深蒂固,对人文主义思想的理解不够深刻。我国是个文明古国,所以在思想上极易受传统思维习惯的影响。

(2) 现代城市规划的理念是从西方"拿来"的,对"拿来"的东西需有相当的时间消化,并使之中国化。在消化的初期难免对"拿来"的东西表面化。现代西方城市规划的观念进入中国仅十几年，需要好好学习并且走出一条有着自己特色的景观规划理论的路子来。

（3）业内人士对城市景观理念的研究与推广做得还远远不够。

4.5.3 交通组织

1. 交通组织的景观连通性原则

通过对现有建筑、结构、场地、消防等条件的充分分析，设计师对景观环境作了进一步的提炼和细化。结合消防要求，有机组合开放草坪、灌木丛、树木、等软硬景元素形成不同的景观。利用建筑立体绿化的构想，使高台平地互相呼应，塑造多层次的景观空间。打破城市的冷漠，回归融洽的邻里生活。在设计中，通过多样选择性的交通流线的设计，在保证必要的步行通道的基础上，通过不同的材料及空间转换，创造丰富的步行体验（图 4.5-4a～图 4.5-4d）。同时，通过节点的小广场设计，弱化较长的路线，并由此为人们的适时停留、交往创造条件。

景观生态学名用于城市景观规划，特别强调维持与恢复景观生态过程与格局的连续性和完整性，即维护城市中残遗绿色斑块，湿地自然斑块之间的空间联系。这些空间联系的主要结构是廊道，如水系廊道等。

图 4.5-4a 看台坐椅与通道相结合

图 4.5-4b 宜人的树下小径

图 4.5-4c　汀步式铺装更具有趣味性

图 4.5-4d　通过绿化植物形成自然的绿荫廊道

2. 交通组织的人性化原则

人性化设计是人类在改造世界过程中一直追求的目标，是设计发展的更高阶段，是人们对设计师提出的更高要求，是人类社会进步的必然结果。人性化设计是以人为轴心，注意提升人的价值，尊重人的自然需要和社会需要的动态设计哲学。在以人为中心的问题上，人性化的考虑也是有层次的，以人为中心不是片面地考虑个体的人，而是综合地考

图 4.5-5　人性化无障碍通道设计

虑群体的人、社会的人，考虑群体的局部与社会的整体结合，社会效益与经济效益相结合，使社会的发展与更为长远的人类的生存环境的和谐与统一。因此，人性化设计应该是站在人性的高度上把握设计方向，以综合协调景观设计所涉及的深层次问题（图 4.5-5）。

（1）物理层次的需要是人的基本需要

人性化设计的景观不仅是给生活带来方便，更重要的是使使用者与景观之间的关系更加融洽。它会最大限度地迁就人的行为方式，体谅人的感情，使人感到舒适，而不是让使用者去适应它、理解它。设计时要考虑不同文化层次和不同年龄人活动的特点，要求有明确的功能分区，要形成动静有序、开敞和封闭相结合的空间结构，以满足不同人群的需要。人性化设计更大程度地体现在设计细节上，如各种配套服务设施是否完善，尺度问题，材质的选择等。近年来，我们可喜地看到，为方便残

疾人的轮椅车上下行走及盲人行走,很多城市广场、街心花园都进行了无障碍设计。但目前我国景观设计在这方面仍不够成熟,如有一些过街天桥台阶宽度的设计缺乏合理性,迈一步太小,迈两步不够,不论多大年龄的人走起来都非常费力。另外,一些有一定危险的地方所设的防护栏过低,遇到有大型活动人多相互拥挤时,容易发生危险和不测。

(2) 心理层次的关怀

心理层次上的满足感不像物理层次上的满足那样直观,它往往难以言说和察觉,甚至连许多使用者也无法说明为什么会对它情有独钟。人们对景观的心理感知是一种理性思维的过程。通过这一过程才能作出由视觉观察得到的对景观的评价,因而心理感知是人性化景观感知过程中的重要一环。按思维形式可将其分为推理和联想两部分:推理就是由已知前提推出未知判断,人们可根据以往的经验由整体推理至局部,反之也可由局部推知大致的整体,有利于从整体到细部系统地感知景观;联想是由前事物触发想起其他有关的事物的心理过程。对景观的心理感知过程正是人与景观统一的过程,是感情上的升华,以满足人们得到高层次的文化精神享受的需要。

4.5.4 景观细部

现代景观环境中要充分考虑景观环境的属性,在设计概念上要强调整体设计观。但在整个设计过程中,应始终围绕着"以人为本"的理念进行每一个细部的规划设计。"细部设计"的理念不只局限在当前的规划,而且应是长远的、切实的创造可持续发展的生存空间。

1. 特殊性的细化

特殊性细部设计应结合特殊的地理、植被、景观现状条件,服从并服务项目总体规划和建筑设计,创造亲切宜人的景观主题及其美好的空间体验(图4.5-6a ~ 图4.5-6c)。随着人们生活水平的提高,人们文化修养、鉴赏力的提升,随着都市生活越来越紧张的节奏,舒适、惬意、自然的景观环境会逐渐走进人们的生活,因此设计师运用更多的增加绿色,硬质铺地采用简约主义的手法,在满足使用功能的基础上,尽量精炼,整体控制在约30%左右。软景设计

图 4.5-6a 景观细部设计(1)

图 4.5-6b　景观细部设计（2）　　图 4.5-6c　城市环境与台阶的细部设计

丰富、多变，达到三季有花、四季常青的效果，使人们在游乐、休憩之余，在钢筋混凝土中也能充分享受大自然的清新。

2. 自然性的细化

以隐于无形的设计锻造自然园境，恢复城市山林，让建筑隐于山林中。不是在建筑森林缝隙里营造小绿地环境，而是别墅像植物一样与其生长于斯的大绿地环境融洽共生。在景观设计上，主要采用当地混合的草种以创造田园景色。强调灌木和地被区域，达到展示四季的效果。

景观设计的目的是体现人对自然的身心感受，对亲近自然在精神上的一种颂扬，使其具备一个回归自然、回归山水、回归生命本源的温暖的主题意念。结合景观设计需要，布置一条景观水系，顺应山体自然跌落，依次形成或动或静、或奔放跌落或缓缓流动、或开敞或封闭的溪流、跌泉、飞瀑、浅潭、溪涧、涌泉、水池、浅滩等多异维质空间的自然水系。沿水系穿插布置，逐渐生长出自然的道路系统。结合一些小广场、景观小品和绿化系统布置，构成序景→发展→高潮→转景→发展→尾景的动态景观序列，以满足人们聆听自然的呼吸，感受自然的气息，构成景观设计精心打造的一条以感受自然为主题的特色景观轴线。效仿当地原林态的自然生态群落结构组成进行人工种植，以恢复自然生境，重现自然风貌。

遮荫树、凉亭、坐凳和景观墙等元素点缀于景观当中（图 4.5-7），让喜欢

图 4.5-7　廊下交往空间（一）

在自然环境中散步的游客和住户可以漫步其中,也可以坐在大树下享受宜人的休闲一刻。休闲椅或座墙或休闲小广场,散布在自然环境中,让人有一种不可无也不可多的现代自然尊贵主义感(图4.5-8a～图4.5-8d)。

在主要人行步道的两旁,在联排别墅之间,是一些互相连接的风格各异的小花园:有机式、古典式和地中海式的。所有这些花园都通过不同的风格景观的整合及各异的植物配置,给予使用者不同的景观氛围体验。

图4.5-8a 廊架与自然植被相映成趣(一) 　　图4.5-8b 树下的坐椅

图4.5-8c 木质休息椅适于老人使用 　　图4.5-8d 街头露天饮品店

第5章
景观环境艺术设计要素

5.1 硬质景观

5.1.1 建筑景观

1. 大门与入口

中国特有的历史和社会背景，形成了我国独特的大门文化。大门是社会中各个单位的出入口和形象标识。起到分隔地段、暗示空间的作用，多与围墙共同进行空间围合，并标示出不同功能空间的限界，限制过境行人、车辆穿行，以促使形成不被外界随意打扰的相对独立空间。

能够形成入口空间的形式是多种多样的，常见的有门垛式（在入口的两侧对称或不对称砌筑门垛），还有顶盖式、标志式、花架式、花架与景墙结合等形式（图 5.1-1）。入口通过形式划分还可将人行与车行分流，在步行道的入口

图 5.1-1a 传统园林框景式入口

图 5.1-1b 标志式入口

图 5.1-1c 商业街入口

处采用门洞式,以示车辆不可入内,保证区域的相对宁静与安全。

作为一个相对独立环境内外空间的分隔界面,门及入口不仅赋予人们一种视觉和心理上的转换和引导,而且作为联系内外空间的枢纽,它们是控制与组织人流、车流进出的要道。在建筑的外部环境景观中,大门及入口又是一个重要的视觉焦点,一个设计独特的大门及入口将体现景观环境的独特性格。

作为功能构筑物,大门分为院门和标志性大门。院门是指进入公园、单位等的小品建筑(图5.1-2),常和绿篱、墙体、建筑相结合,强调内外领域的分隔,强制性地限制人车的出入。标志性大门(图5.1-3)则是分布在公共空间中,位于空间的序列或中央,只是界定空间的标志,并无实际门的作用,不影响人车的通行,是人们心理上形成的门的概念,起到地缘和领域地标的作用。

图5.1-2 传统景园入口建筑   图5.1-3 标志性住宅区入口

在院门设计中,应合理制定门的尺度,保证基本功能要求,同时使之和周围的环境、主体建筑保持协调一致,并综合考虑材料、色彩、造型等对景观环境的影响。院门作为入口是内部领域空间序列的开始,作为出口则是内部空间的终结,也是街道环境的起点。院门及两侧的景观起到内外空间衔接过渡的作用。

标志性大门是区域的地标,是所在场所性质的集中体现,以其独特的功能和形象,在环境中被人们所关注和聚焦。中国古代的牌坊就是一种标志性的大门,它具有划分街道空间、强调秩序和歌功颂德的多重作用。

标志性大门根据所处的位置和所在区域的历史、社会、文化背景,形成自身在环境中所起到的作用,而有些小空间入口的标志性大门,起到划分、限定空间的作用。对于标志性大门的设计应该综合考虑其地域文化特征、人文地理关系,在体量、形式、色彩、材料等方面反映区域特点,对所处区域环境起到空间强化作用。

2. 凉亭廊架

凉亭廊架是供人们休息、避雨的景观建筑设施。它们一般分布在人流较为集中的场所，并形成所在区域的标志。亭和廊共同形成了一种领域性较强的空间。亭成点状分布，是视觉焦点也是行走的目标与转折。廊呈线性分布，是联系空间的纽带。亭廊所处的空间是活动相对集中的场所，特别是老年人和儿童聚集的场所。老年人在这里打扑克、下象棋、聊天、晒太阳，儿童在这里玩耍、捉迷藏。亭廊是交往小环境布局的中心（图5.1-4）。有时亭廊和爬藤结合形成花廊，使亭廊建筑完全掩映在绿色之中，成为自然景观的一部分（图5.1-5）。亭廊除了有遮风避雨的作用外，还具有揭示环境特色，传达信息，空间过渡等功能。亭廊的设计同样也要结合所处的环境，其形象、色彩、材料在满足功能的前提下应该美观，符合人们的心理需求。

图 5.1-4　廊下交往空间（二）

凉亭起源于中国，古时建筑于道路旁边供人休息之用，后来慢慢演变成一种庭园建筑物。凉亭四面均无墙壁，仅由亭顶和柱子所构成，偶尔点缀一些栏杆或桌椅，作蔽荫、乘凉、眺望与点缀园景之用。

园舍则起源于西方，由古时监视敌人的哨台演化而来，后来演变为装饰和休憩之用，一般三面是墙壁而一面开放，故园舍属半隐蔽性建筑物，一般建筑在背后有依附的地方，具有休息、眺望和装饰的功能，

图 5.1-5　廊架与自然植被相映成趣（二）

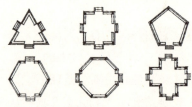

图 5.1-6　传统园林亭子平面式样

可与西洋式造园和谐搭配。

中式亭据《园冶》记载："亭者，停也。所以停憩游行也。司空图有休亭。造式无定，自三角、四角、五角、梅花、六角、横圭、八角至十字，随意合宜，则制惟地，图可略式也（图5.1-6）。"中国式凉亭，多雄伟壮观，色彩鲜艳，构成较复杂，建筑费用高，适于中国式造园。我国凉亭大多不设墙壁，以便眺望；且有时将数个凉亭集中成景园建筑群。自然式造园中，可将树顶锯去，以茅草或树皮建屋顶，以增添野趣。而最简单者，亭盖作伞状，中央仅立一柱即可。

现代城市景观，凉亭的式样更为抽象化，色彩材质丰富，具有显著的装饰趣味价值。凉亭一般由地基、亭柱和亭顶三部分组成。地基多以混凝土为材料，地上部分荷载重者，需加钢筋、地梁。地上部分荷载较轻者，可用竹柱、木柱盖以稻草的凉亭，并在亭柱部分掘穴以混凝土作成基础即可。亭柱的构造依材料而异，有水泥、石块、砖、树干、木条、竹竿等，由于凉亭一般均无墙壁，故亭柱在支撑及美观的要求上均极为重要。柱的形式则有方柱、圆柱、多角柱、格子状柱等。也可在其表面上绘制或雕制各种花纹图样。亭顶一般可分为平顶与尖顶两类，形状则依据风格而定（图5.1-7）。

图 5.1-7　德国小镇居住环境中的园舍，功能齐备，形式简约宜人

为满足美观的同时提供一定的功能，往往在亭旁或内部设置桌椅、栏杆、盆钵、花坛等附设物，亭的梁柱和园舍的墙柱上也可作各种浮雕、刻像或对联、题词等景观语汇。

园舍的构造就地基与屋顶而言，与凉亭大体上相同，材料也相差不多。但园舍一般除了柱子外，还有两面或三面墙壁。墙壁的构造有些与普通住宅相同，例如砖墙、木板墙、石墙、水泥墙、白粉墙等；也有些专用于园舍的构造，例如竹篱、格子墙、玻璃、金属、稻草或其他现代材料等（图5.1-8）。

凉亭与园舍应以美观、经济、实用为原则，颜色与外形不但要求与环境相调和，选用的材料以经济能力可以承受为原则，而且地点与配置物也应便于人们使用和后期维护。

图5.1-8 玻璃结构的现代景观休憩园舍

廊架为平顶或拱门形，宽度约2～5m，高度则视宽度而定，高与宽之比例为5∶4。绿廊四侧设有柱子，柱子的距离一般在2.5～3.5m之间。柱子的材料可分：木柱、铁柱、砖柱、石柱、水泥柱等。柱子一般用混凝土做基础，以锚铁（Anchor Bolt）结合各部分。如直接将木柱埋入土中者，应将埋入部分，用柏油涂抹防腐。

设置廊架适宜的位置，并无一定限制，凡水边、草地上、园路旁、轴线端点平台上或门窗前均可设置。

3. 桥

桥是不可缺少的交通疏散、联系导向设施，它们不仅具有交通功能，而且也是景观环境中人们识别空间的标志，是小区的重要景观构筑物。

尤其是街桥、天桥很容易成为视觉焦点，因此其造型的好坏，也影响到所在区域环境的好坏。由于人们有登高的习惯，桥上可提供观赏用的平台，把桥面设计成人们交往的场所，可布置一些休息设施、服务设施，并配以绿化，充分发挥桥的景观互动作用。

进行桥设计时，不仅对其造型进行合理地选择，而且对其位置、路面宽度、桥栏杆、阶梯、坡道、踏面也要进行精心的设计。

水桥是指连接水域两岸的交通设施，这是指分布在人们室外活动的公共场所中的水上设施。水桥往往是环境中的视觉景观中心，它立于空旷的水面上，极易吸引人们的目光（图 5.1-9）。我国传统水桥分布十分广泛，而且造型优美多样，有拱桥、折桥、曲桥、悬桥、浮桥等。有的水面较浅，摆几个石墩也可以发挥桥的作用（汀步）。桥在环境中可以起到丰富景观感受的重要作用。桥和水面、河岸、绿化结合，满足人们行走、休息、娱乐的要求，形式活泼、色彩丰富，成为景观组构的重要手段。

5.1.2 公共设施

公共设施包括：休息设施（如休息椅、野外桌）、解说设施（如标识、导示牌）、卫生设施（如饮用水栓、洗手池、垃圾桶、

图 5.1-9　木质水桥与环境相得益彰（二）

烟灰缸、公共厕所）、文娱体育设施。

1. 休息设施

休息设施指供游人在游园之中或游园后休息驻留而设的景园设施，而休息方式可以分站立、落座及躺下三种方式。

坐椅是人们在室外活动的依托。不同的人因不同的目的需求，以不同方式落座。人们希望能够找到最适于自己的环境氛围。而坐椅的布置、形式、尺寸、极大地影响着使用者的感受和该设施真正能够达到的使用率。一般坐椅以高度 40～50cm 为宜，深度以 30～45cm 为宜，长度则依需要而定。要特别指出的是，这里的深度只是指坐椅单独功能出现时的适宜深度，当坐椅与其他功能兼具结合时，其深度也各有不同。无论任何季节，能够观察到一些活动或是景致的坐位总是更受欢迎。坐位的形式也不一定仅限于坐椅。一个空间如果提供了大量的坐椅，而多数时候因客观因素又没有人坐，会使空间显得空旷而无用。所以辅助坐位，例如长满草的小丘、可观景的踏步、矮墙、环境小品都可以作为一种补充或称其为特殊形式的休息设施。

坐椅的种类依使用方式不同而类型不同，有单人坐凳、2～3 人用普通长椅（带靠背）、多人用坐凳、凭靠式坐椅。从设置方式上划分，除普通平置式、嵌砌式外，

还有固定在花坛绿地挡土墙上的坐椅、兼作绿地挡土墙的坐椅，以及设置在树木周围兼作树木保护设施的围树椅等形式（图 5.1-10）。此外，市场上还有许多标准化的成品坐椅。

图 5.1-10　树椅与成品坐椅相互补充

坐椅的材料也多种多样，木质的坐椅最受欢迎，触感、质感、热导性都较易接受。石材质地硬，夏热冬凉，不适于人体接触。且存在对儿童爬上爬下的安全隐患。但因其耐久性强，仍被广泛采用。金属材料易受四季变化影响，但近年来，质感较好的抗击打金属、铁丝网等材料也多用于加工制作坐椅（图 5.1-11）。陶瓷材料具有一种天然的土质温热感，造型丰富，常用来制作坐椅。

图 5.1-11　金属制成品椅

坐椅的设置地点应结合周边环境以及服务人群所需而设定（图 5.1-12）。园舍、凉棚、铺石地、露台边、道路旁、水岸边、山腰墙角、草地、树下、纪念碑或雕像基座旁，均可设置。但避免设立在阴湿地、陡坡地、强风吹袭场所等条件不良的地方或对人出入有妨碍的地方。坐椅应具坚固耐用、舒适美观、不易破坏、不易污损等机能。将身体接触部分的坐位板、背板做成木制品较为舒适。设置坐椅应考虑不同季节的需求，例如夏季有坐椅的地方要设置遮蔽阳光的设计元素。坐椅周边应考虑落座者的视觉范围及景观可视性。

野外桌材料多样，可用石、木、玻璃、水泥等材料制作，视摆设位置及用途而定，

图 5.1-12　室外桌椅设计与环境结合可以形成独特的外部休闲空间　　图 5.1-13　木质休息桌椅适于老人使用

有时可在桌面上雕刻棋盘，桌子有时可简单到用铁丝制成放茶杯的架子即可，但要特别注意桌椅的间距。桌子高度以稍低为佳。桌子脚下容易成为凹地，故要铺装硬质材料。野外桌的使用者一般多为老人，因为老人在休息时更喜欢上半身有所依靠，并便于起立（如图 5.1-13）。休息桌上如果刻有棋盘，也将是一种很好的户外活动。刻有棋盘的野外桌旁的坐椅应尽量采用木制，以确保长时间就座的舒适性。

2. 解说设施

观光游憩区的解说（Interpretation），其最早源于美国国家公园体系的解说服务，解说之父福利门·提尔顿（Freeman Tilden）认为：解说不仅只是传达事实，而且是借原本的事物、亲身体验、解说工具来阐明该对象的意义与各组成因子间关系的一种教育。换言之，将资讯经由媒体传达给接收者的行为即是"解说"。此处的资讯或信息包括游憩资源本身所产生的，以及游憩管理对游客的指示和要求。

游憩的目的乃在追求高品质的游憩体验，解说服务则在协助游客挟取此种体验并教育游客，使他们从游憩过程中产生对环境的关怀与珍惜之心。因此，好的解说服务应包括下列目的及功能：

（1）娱乐功能。改善游憩体验。
（2）增进游客安全。保障游客不受自然环境的危害及避免意外灾害。
（3）维护自然资源。减少游客对自然资源的破坏。
（4）教育功能。阐释景观现象，提升游憩层次进而使游客爱护环境。
（5）公共关系的建立。经营政策目标的宣传，遂行经营管理。

因此透过解说标示，可沟通"场地管理机构"、"场地资源"与"游客"三者之间的关系。为达到此目的，环境中多会设置解说牌、导向牌、标示牌等能够为游客

图 5.1-14　传统设计元素的导示牌

图 5.1-15　步行空间序列性标示，满足功能的同时增添了环境的引导趣味性

提供服务的公共设施（图 5.1-14、图 5.1-15）。同时这类设施在景观也具有明显的标识性和标志性。

多数标志的设置是以简明提供信息、街道方位、名称等内容为主要目的的。其次是根据地区和用地的总体建设规划，决定其形式、色彩、风格、配置，制作出美观、功能兼备的标志，形成优美环境。

标志有两大类，一类为诸如导向板、路标、标志牌（图 5.1-16）等传达信息的标志；另一类为桥、建筑、雕塑、树木等构成城市标志性景观的标志（图 5.1-17）。这些

图 5.1-16　校园广告标识

图 5.1-17　巴黎协和广场方尖碑
纪念性建筑常常集中地体现了时代或社会的思想意识特点，同时也成为城市的标志

图 5.1-18　标识的色彩设计

标志传递信息的方式多种多样,例如利用文字、图形、符号、色彩的视觉传递方式(图 5.1-18)、利用音响的听觉传递方式、利用立体文字的触觉传递方式以及利用香气等气味的嗅觉传递方式。

关于城市标志规划设计,应当在决定配置所有标志图牌前,利用不同的建筑造型、色彩、行道树、地面铺装材料,并通过设置纪念性建筑、标志性树木、大门等,使建筑等本身具备一定标志功能。

标志的色彩、造型设计应充分考虑其所在地区、建筑和环境景观的需要。同时,选择符合其功能并醒目的尺寸、形式、色彩。而色彩的选择,只要确定了主题色调和图形,将背景颜色统一,通过主题色和背景颜色的变化搭配,突出其功能即可。传递信息要简明扼要。配置与设置标志时,所选位置既要醒目,又要不妨碍车辆、行人的往来通行。标志的结构应坚固耐用。标志所配备的照明一般可安装为内藏式和外部集中照明方式。

3. 卫生设施

景园中卫生设施可保持园中的环境整洁以及提供必要的服务功能,设计应充分考虑卫生、污染处理及形式等多方面因素。卫生设施主要包括:饮用水栓、垃圾桶、烟灰缸、公共厕所等。

(1) 饮用水栓

饮用水栓在我国城市中并不多见但从长远的城市发展来看对于此项环境设施的了解对景观设计也是必要的。饮水台的构造形式变化依形式而不同，普通的饮水台根据放水方式，可分为开闭式及常流式两种。水栓所用水质标准，需能为公众饮用，饮水台多设于广场中心、儿童游戏场中心、园路之一隅，饮水台高度应在50～90cm之间。设置时需注意废水的排除问题。

饮水台的配置、设计及管理条件：

1) 饮水台的位置须设在集合地点、休憩设施旁边等容易利用的场所，同时也要考虑管理条件、自来水的安装条件。

2) 它的配置条件大致与长椅的配置要求相同，避免在其他不容易排水的场所或不卫生的场所附近设置。

3) 水栓或水口要有防止破损的对策，同时应易调整水量。

4) 与人流交通有干扰时，须设置在宽大的梯台上面。

5) 构造物材料应不易腐蚀，卫生而坚固，尤其设置在游戏场等地方时，边角应圆滑以避免安全隐患。特别要注意饮水台的高度、宽度，考虑小孩用要加设台阶。

(2) 垃圾箱、烟灰箱

沿道路设置的垃圾箱与烟灰箱应一体化设计，以方便使用。应注意耐火性、排水性设计。条件允许时应提供可分拣式垃圾箱，以确保资源回收。活动场地周围应设置足够的垃圾箱，最好提供高强度垃圾筒（图5.1-19）。

图 5.1-19 传统与现代垃圾箱形成不同的功能与风格

(3) 公共厕所

近年来国民生活水平提高，知识文明扩展，对景观环境品质的要求越来越迫切，使得一般规划设计者，不得不重视景观的维护。而公共厕所不论在规模大小或外形上，均会影响该风景区内的景观（图 5.1-20）。因此如何使景区的公共厕所能与环境相互协调并提供完善的设备服务，供游客舒适地使用，借以提升该景区的品质和服务水准应是相当重要的工作（图 5.1-21）。

图 5.1-20　现代而轻便的卫生间是城市不可或缺的元素

公共厕所的分类，一般而言，依其设置性质可分为永久性和临时性两类，而永久性又可分为独立性和附属性两种。

1）独立性厕所

指单独设置，不与其他建筑设施相连接的厕所。独立分设可避免其他附属设施功能活动相互产生干扰，适合于一般地区设置。

2）附属性厕所

指附属于其他建筑物中供公共使用的

图 5.1-21　景区厕所应与环境相协调（一）

厕所,其优点是管理与维护都较为便利。

3) 临时性厕所

系临时性的设施,包括流动公厕。可以解决因临时性活动增加所带来的需求,在地质、土壤不良区域也宜设置。并适合于河川、沙滩附近地区设置。

公共厕所的设计要求:

1) 公厕的设计,最为重要的是要使其在自然景致中保持含蓄而不暴露,故运用的手法也多采用遮掩、隐蔽和淡化主体的方式。如出入口与外围通道的关系应以间接相连为宜,并可用花坛、树丛等美化遮蔽,同时应设置引导标志。

2) 男女厕所配置原则,公共厕所在配置上,不论规模大小,均应本着男、女厕分别设置的原则。若男女厕在动线系统上有次序关系时,以男士不经过女厕为宜。而使用频繁的厕所,为避免外围通道上过于拥挤,宜考虑男女厕通道分别设置。

3) 为了维护厕所内部清洁,避免泥砂粘在鞋底带入厕内,故通往厕所出入口的通道铺面,均应稍加处理使其稍高于地表。且铺面不得凹凸不平产生积水,以致难以行走。

4) 一个好的厕所,除了本身设施必须完善之外,其附属设施的提供也是迫切需要的,例如垃圾桶、等候桌椅、照明设备等,对游客均有很大的便利。

5) 公共厕所建筑物在外观上,必须能配合该风景区的格调与地形特色。一般而言,位于游客服务中心地区,或者景区入口附近地区,或者活动较为集中的场所,例如停车场、各展示场旁等场所的厕所,可采用较现代化的形式;而位于内部地区或野地的厕所,可采用较原始的意象形式来配合。

6) 公共厕所的材料以坚固、耐用及易于管理与维护为原则。面材的质感往往能直接反映出地域性的特色,如少数民族的石板屋、石墙等,均是利用当地的自然素材,来表现地域性的特殊风格并与天然景致相契合的范例(图5.1-22)。

7) 公共厕所建筑物的色彩给人的

图 5.1-22 厕所材质应与环境相协调(二)

感受是相当强烈的，一般而言，宜尽量配合该风景区的特色，切勿造成突兀不协调的感受。此有赖于规划设计者对环境与色彩的感受。另一方面，运用色彩时，尚得考虑未来保养与维护的便利。

4. 室外公共服务设施

室外公共服务设施包括照明设备、候车亭、公用电话亭、报刊亭、小卖亭、自动取款亭、手机充电站、加油站等设施。这些设施具有较强的功能性，在设计时应着重考虑其功能性的完备以及使用的便利性，同时应考虑与周边环境的关系（图5.1-23～图5.1-29）。

图 5.1-23　标志性景观（左）

图 5.1-24　阵列式景观照明（右）

图 5.1-25　城市电话亭

5.1 硬质景观

图 5.1-26　西湖边报刊亭

图 5.1-27　功能性服务设施的综合排布

图 5.1-28　功能齐备的城市候车亭

5. 文娱体育设施

在环境规划中，本地人口和环境特征通常是决定空间配置标准的基础。为了组织安排沿自然廊道或文化廊道分布的各种设施，我们建议利用现有的和规划的绿色廊道系统。比较常见的办法是根据辐射人群密度、机动车和行人入口通道来设置文娱体育设施。

图 5.1-29　色彩醒目的加油站

文娱体育设施通常被设置在特定的体育用地或文化用地的周围。设计标准源自田径运动、场地运动及其相关基础设施所需要的特定的空间要求和尺寸要求。为了恰如其分地整合设施和周围社区及景观环境之间的关系，设计通常会顺应当地的地形、周围地区的土地性质和植被格局等因素。

文化体育设施场地的地面标准通常由当地的、国家的，或者国际的尺寸要求决定。

使用强度、负载特征和当地的气候及土壤特征决定了正确地装配这些设施所需要的施工标准。长期的维护需求和基础设施配套要求是考虑造价的重要因素。文娱和体育活动的参与涉及面非常广，其涉及服务人群包括从孩童到老人的各个年龄层次和社会的不同阶层，并远远超出日常锻炼和运动项目的范围。其内容包含各种相关兴趣、物质条件和技术水平的活动。一般运动场设施包括有：网球场、篮球场、羽毛球场、排球场、足球场、田径场地等也包括小型运动器械休闲场地。

对于规划公园和社区等场地的文娱体育已经有了许多标准和数据，这些标准和数据推荐了不同文娱体育设施的数量、空间格局和最大服务半径。任何社区的文娱体育需求都要适应大区域的变化，所以，这些标准应该在规划过程中首先给予考虑。

对大多数文娱体育设施来说，不论其位置如何，坚持标准就意味着能与经验相符合。任何可能会使用该设施的体育组织都经常会要求场地有特定的尺寸标准；对设计师来说，为了强化和保留地方特色，要有效地整合这些组织的要求和当地实际情况之间的关系，这是具备相当难度的挑战。当然非竞技性的设施还需要根据当地的实际情况、预算和业主的需求等确定。

图 5.1-30　小区内方便实用的体育活动区

造园之效用，除为修身养性外，还可起保健锻炼作用，因此运动场的设置，也很重要（图 5.1-30）。一般运动场的设置，均应按现行体育设备标准规格实施。完整的运动场，仅见于学校及大公园中设置，一般居住区，则按主人的嗜好及需要，设置小型运动场地一两项即可。

运动场所的场地设置应该地势平坦、空气新鲜、日光充足。运动场四周，应栽植庇荫树，庇荫树群所占面积越广阔越佳。为美化运动场环境，还应设立若干花坛。在适当的地方，需有坐椅、看台等设备。大规模的运动场，应有管理室、医务室、休息室、更衣室、厕所、浴室及主席台的设置。运动场设施的设计、施工、管理均需简单方便。配置各项目的规模，形状的空间大小及设施连接方法和规模均应考虑。

5.1.3　艺术景观

这部分内容也可称为公共艺术设计，包括城市雕塑（图 5.1-31）、小品（图 5.1-32）、浮雕（图 5.1-33）等面向公众的艺术品设计。作为景观设计应该对公共

图 5.1-31　形成视觉焦点的城市雕塑

图 5.1-32　不同建筑外不同形式的小品

艺术品的选址、选题、选材等作以充分考虑。这主要反映在艺术品对于周边空间所带来的影响、所形成的氛围以及公众的参与度方面。

　　历史上有关将雕塑与雕像或其他艺术形式作为装饰物点缀于园林中的记载很多，并且沿至今天仍然在装点着现代的景观环境。由于雕塑与雕像具有强烈的视觉效果，因此对于其与周边环境的关系应作重点分

图 5.1-33　韩国某艺术学院挡土墙与浮雕的结合（学生作品）

析。雕塑的比例尺度与欣赏环境半径关系等都是较难处理的问题。

　　雕塑与雕像的本身特征使它们自然地成为焦点。就像进行花卉设计一样，设计师必须保证能够吸引人们的注意，并将它们放置到适宜的地方（图 5.1-34）。如果在一个开阔的草坪中央，只单独放置一尊雕像或一件雕塑作品，其结果不仅会减损装饰物的魅力，同时也会有损于其他园林特征。而更有效的方法应该是将这些装饰物放置在一个中性植物背景或者围栏板的前面，然后将人的注意力逐渐吸引到其上

图 5.1-34　色彩醒目的雕塑形成环境中的视觉焦点　图 5.1-35　道旁随意放置的组群式小品

而后又逐渐移开。而景观中群组式的小品设置更易于带来趣味性感受和可参与性（图 5.1-35）。

环境中的雕塑小品还可以以多种面貌出现。例如，小品可以与城市家具结合，也可以是某种文化遗迹的展示都可以形成环境中的景观因素（图 5.1-36、图 5.1-37）。

图 5.1-36　展览馆外，展示的文物同时也是环境中的景观小品　图 5.1-37　广场台阶与小品的结合

5.1.4 地面铺装

地面铺装包括大型停车场、步行广场、运动场以及护坡草坪等各种行人场所及场地（图 5.1-38）。铺装关键是要保持地面外观均匀，能够适应不同的路基、极端气候及不同的气候条件。此外，雨水排放要求每隔一定距离设有下水口，这会使连续的地面间断，从而增加了沉降和淤堵的可能性。气候条件和使用强度经常会限制地面颜色、质地、反射性和类型的选择。

地面铺装通常明确区分车辆区和行人区之间的不同，并常用路牙、斜坡、完全不同的材料或栏杆分开。区分区域的主要目的是让行人感到安全，符合美观以及文化的要求（图 5.1-39）。

图 5.1-38 体育场看台通过铺装区分开木质坐椅区与草坪垫踩踏区

图 5.1-39 丰富的色彩是步行路面更具有导向性和艺术性

道路和人行步道必须使机动车、骑车人和行人都得到安全。线形铺装要求有包括坡度、速度和综合因素在内的特殊设计。铺装设计必须保持均匀的强度、统一的边缘以及一致的接缝，并以设想的方式使地表径流排走。这其中还包括弱势群体使用安全的设计，例如残疾人坡道、无障碍通道等（图 5.1-40、图 5.1-41）。

设计行人和机动车使用的铺装应考虑包括使用强度、天然地基和基础特性、气候以及短期和长期的经费安排（包括施工和后期的维护费用）。这些因素与美学、文化的结合将产生特殊的铺装设计方案。大面积的不透水铺装会对地表径流的数量和质量造成负面影响。一般来说，工程设计应尽量使用最少的铺装。在功能要求、天然地基及气候条件允许的情况下尽量使用透水铺装。

铺装使用状况依赖于其长期对重、中和轻荷载的支撑能力。土地使用的连续性也指与这一将建的铺装相邻环境的人文和美学（图 5.1-42、图 5.1-43）。这些综合

图 5.1-40　无障碍通道的导向性　　　图 5.1-41　残疾人坡道与台阶的转换形式

图 5.1-42　人文特色突出的铺装艺术

因素共同决定着对需要铺装场地的表面、边缘和视觉效果设计的具体处理手段。

路基状况取决于土壤结构的承载力及要求铺装和骨料层的厚度。黏土因在湿度不稳定的情况下膨胀和收缩，因此需要特别的设计（图5.1-44）。排水良好的砂子和砂石具有很强的承载能力和湿度变化下的稳定性，为铺装提供了较好的路基条件。

每天或每年的湿度、霜降周期、降水量和降雨频率是区域气候的主要因素，将极大地影响机动车道和步行道的铺装设计。干热、湿热、温和以及寒冷的气候是特定的限制因素（色彩、孔积率、韧性、质地、厚度等），这些因素能确保铺装的持久有效。多数铺装项目铺筑费用有限，然而，每年用以维护铺装而使其能够长期使用的费用同样很重要。使用年限、气候条件、特有的涂层和专用维护设备等因素在做铺装设计时应计算出实际的成本并予以全面考虑。

选择哪种材料和铺装方式与当地的气候条件有很大关系。干热气候下，使用较浅的颜色以避免热吸收。但也应考虑浅色地面的反光性造成眩光污染。由于湿度低，可以使用有孔隙的

图5.1-43　地景式艺术铺装

图5.1-44　天然材料的步行道铺装有较好的雨水渗透性和视觉亲和力

表面。通常使用单体铺路石和硬质整体铺装；湿热气候环境下的铺装，为防止苔藓和水藻的生长及适应雨季降雨，排水通畅性非常关键。在温和的气候下，可用较深的颜色吸收太阳辐射热。因有霜融周期，需要较厚的骨料层并要使用盲沟排水。多雪地区由于使用清雪设备，需要面层耐磨。由于化学融冰产品会使混凝土变质，砂浆单体铺路材料需要大量的沟缝和维修。寒冷的气候下，与温暖地区相似，但由于极端温度的不同而有更多的限制。

5.2 软质景观

5.2.1 植被设计

植物景观，主要是指自然界的植被、植物群落、植物个体所具备的形象，通过人们的感观传达到大脑皮层，产生一种实在的美的感受和联想（图 5.2-1）。植物造景，就是运用乔木、灌木、藤本及草本植物为元素，通过艺术手法，充分发挥植物的形体、线条、色彩等自然美（也包括把植物整形修剪成一定形体）来创作可观性植物景观（图 5.2-2）。完美的植物景观设计必须具备科学性与艺术性两个方面的高度统一，既满足植物与环境在生态适应性上的统一，又要通过艺术构形原理，体现出植物个体与群体的形式美、意境美（图 5.2-3）。植物景观中艺术性的创造极为细腻而复杂。诗情画意的环境塑造需借鉴绘画艺术原理及古典文学的运用，巧妙、充分地利用植物形体、线条、色彩、质地进行构图，并通过植物的形态特点及生命周期的变化，使

图 5.2-1 建筑、植物、木桩式铺路形成了宜人的居住环境

5.2 软质景观

图 5.2-2　凡尔赛花园植物的人工修剪之美

图 5.2-3　个体植物与群体植物自然形成景观意境

77

图 5.2-4 草坪与磨盘的嵌入式铺设形成宜人的步行空间

之成为一幅活的动态构图。

植被在景观设计中也是必不可少的因素之一，景观设计中植被的应用成功与否在于能否将植被的非视觉功能和视觉功能统一起来。植被的非视觉功能指植物改善气候、提供生态屏障的功能。植被的视觉功能是指植被的审美功能，植被营造环境使置身于其中的人感到心旷神怡(图5.2-4、图 5.2-5)。在法国，规则式园林中植被往往被修剪成规则的几何形，布于道路和轴线两侧，强化整个园林的轴线。在中式自然园林当中，植被的种植道法自然，往往不加修剪，呈自然生长的态势，在设计中注重植被种类和形态的多样性组合。

罗宾奈特（Gary O.Robinette）在其著作《植物、人和环境品质》(*Plants, Peoplc and Environmental Qualitv*) 中将植被的功能总结为四大方面：建筑功能、工程功能、控制气候功能和美学功能。

建筑功能：界定空间、遮景，提供私密性空间和创造系列景观等，这一类功能其实是空间造型功能。

工程功能：防止眩光、防止土壤流失、噪声及交通视线诱导。

图 5.2-5 建筑入口的绿化配置形成宜人的小气候

调节气候功能：遮荫、防风、调节温度和影响雨水的汇流等。

美学功能：强调主景、框景及美化其他设计元素，使其作为景观焦点或背景。

植被对于空间的进一步划分可以在空间的各个纬度上进行，在平面上植被可以作为地面材质和铺装结合暗示空间的划分。竖向上可已进行垂直空间的划分，枝叶较密的植被在垂直面上将空间限定得较为私密。而树冠庞大的遮荫树又从空间顶部将空间进一步的划分。

植被随着季节变化其形态差异也使空间的划分随着时间推移而有所变化，形成多样的趣味体验。利用树木和植被可将空间进一步划分为以下几类（图5.2-6）。

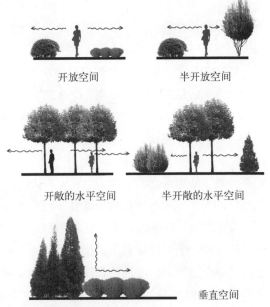

图 5.2-6 植被划分空间类型

(1) 开放空间。利用低矮的灌木和地被植物作为空间界定因素，形成流动的、开放的、外向的空间。

(2) 半开放空间。在开放空间一侧利用较高的植物造成单向的封闭，这种空间有明显的方向性和延伸性，用以突出主要的景观方向。

(3) 开敞的水平空间。利用成片的高大乔木的树冠形成一片顶面，和地面形成四面相对开敞的水平间。

(4) 封闭的水平空间。在水平空间的基础上以低矮的灌木在四周加以限定，特性是和周围环境的相对隔离。

(5) 垂直空间。将树木的树冠修剪成锥形，形成垂直和向上的空间态势。

另外植被的种植可以减缓地面高差给人带来的视觉差异，也可强化地面的起伏形状，使之更加有体验趣味。

植物的色彩和质地是另一项植被设计非常重要而又常被人忽视的因素。深绿色能使空间显得安详静谧，深色会让人有景物向后退的感觉；浅绿色相对来讲明亮轻快，令人愉悦，让人有景物向前突进的感觉。在景观设计中要注意植被色彩的搭配设计，例如当绿篱和高大乔木并置时，低矮的绿篱呈深绿色，乔木的树冠较浅，这样的组合相对来说在视觉上有稳定和谐的倾向；反之，则有动感和不稳定的倾向。深色的树叶可以给鲜艳的花朵和枝叶作背景，强化鲜艳颜色的效果。红色、橘红色、黄色、粉红色都可以给整个设计增添活力和兴奋点。

植物的质地主要是指个体或群体在视觉上的粗细感，这是由植物枝叶的形态决定的。常见的植物从叶子分类大概有以下几类：落叶型、针叶常绿型、阔叶常绿型。其中，针叶树木的质地较细致，阔叶树的质感较为稀疏。粗质地的枝叶非常容易吸引视线，生命力充沛，有逼近感觉，但应该有节制的使用，以免过于分散和使设计尺度失调。中质地的植物枝叶大小适中，大多数植物属于这一类，我们在景观设计中用得最多的也是这种植物，中质地的植物适于作为粗质地和细质地植物的中介物。细质地的大多属于针叶植物或者叶子较小的落叶型植物，这种植物较适合布置小空间，会使空间显得宽敞，适合用于已经较为拥挤的空间内。

在一般的景观设计当中，很少完全利用植被来塑造空间，较多利用建筑和植被相组合而塑造空间。建筑作为硬性材料暗示和限定空间的存在，而植被的作用在于优化和点缀这些空间。植被的空间改造有以下几种手法（图 5.2-7）。

（1）包被（Closure）这种方法指的是利用植被和建筑两者结合围合出私密性较强的封闭空间。

（2）连续（Linkage）利用成片或者成线的植被轮廓，将一些相对分散缺乏联系的建筑元素联系起来，利用植被完善建筑平面和立面的构图。

（3）遮蔽（Obstruction）这一手法是建立在对人的视线分析基础上，在分析了视线以后，利用适当高的植被将不良景观遮盖起来，例如风景区中的道路和停车场等。

（4）私密性控制（Privacy Control）这一手法的原理和遮蔽相同，但与其不同的是遮蔽的对象不同，私密性控制是将人行为空间相对遮蔽起来，这样给人以一种安全感和私密感。例如住宅前面的灌木，和公园坐椅边的灌木。

一般情况，我们在景观设计中使用植物要注意以下几点：成簇成片的植物和独株植物相互结合会使空间变得丰富；植物过于分散会使空间较为凌乱，缺乏整体感，使人眼花缭乱。在种植成片成簇的植物时要注意植株之间的空隙，要预留

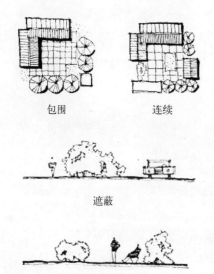

图 5.2-7 植被对空间的改造

植物生长的空间。一些较高大，树形较特殊和优美的植株可以单株栽植，充分利用其在美学上的价值，为设计增色。在垂直面上，多少植物的组合应形成韵律，运用质地，颜色、高低错落相互协调。尽量在植株下面形成可以供人休息和利用的空间，可以布置坐椅和步道，增加植被的使用率，植株的种植和地面造型相吻合（图 5.2-8、图 5.2-9）。当建筑物之间的关系缺乏统一的情况下，我们可以用植物将建筑联系起来。也可以用植株来突出某些空间，例如庭院、建筑入口等（图 5.2-10）。植物也可以作为背景，将和环境混杂在一起的认知主体衬托出来，增强效果。当地形和构筑物形成的构图尚不完美时，我们可以利用植株完善和改进。在应用植物时应尽量使用本地物种，这样可以降低成本，保证成活率，并且易于形成地方特色。

图 5.2-8　宜人的树下空间　　　　图 5.2-9　可移动式花坛，使用灵活多变

我们一般将植被分为乔木、灌木、花卉和藤木等。在我国，一般公共绿地常用树种有乌桕、海棠、丁香等植物，居住环境主要树种有水杉、侧柏、棕榈、槭树、十大功劳、梅花、广玉兰、白玉兰、石榴、大叶黄杨、桂花、香樟、迎春、山茶等。防护林主要树种有水杉、榆树、女贞、白杨、柳树、香樟、悬铃木等。街边绿地和行道树物种有水杉、香樟、女贞、梧桐、银杏、广玉兰、桂花、雀舌黄杨等。行道

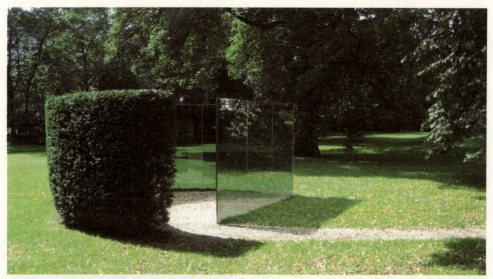

图 5.2-10 利用植物进行景观小品设计与空间限定

树选种要注意，树种分叉点尽量要高，避免分叉太低影响交通，尽量不要采用果实较大会自行脱落的，以免砸伤行人。风景区常用物种一般以原有物种为主，也可集中培育一些观赏树种，例如竹类。在设计时，注意保持原有树种和树种多样性，必要时可以引进一些适生树种，并且要注意植物本身的特性，例如对土壤的适应程度、喜阴或喜阳等。

常见绿化树种参考资料：

(1) 常绿针叶树

1) 乔木类：雪松、黑松、龙柏、马尾松、桧柏。

2) 灌木类：千头柏、翠柏、匍地柏、日本柳杉、五针松。

(2) 落叶阔叶树（无灌木）

乔木类：水杉、金钱松。

(3) 常绿阔叶树

1) 乔木类：女贞、广玉兰、香樟、棕榈。

2) 灌木类：雀舌黄杨、瓜子黄杨、橘树、杜鹃、石楠、海桐、桂花、夹竹桃、黄馨、撒金珊瑚、大叶黄杨、南天竹、六月雪、枸骨、小叶女贞、八角金盘、珊瑚树、栀子、迎春、蚊母、山茶、金丝桃、丝兰（菠萝花、剑麻）、苏铁（铁树）、十大功劳。

(4) 落叶阔叶树

1) 乔木类：槐树（国槐）、直柳、龙爪柳、垂柳、乌桕、槐树、枫杨、青桐（中国梧桐)、悬铃木（法国梧桐）、盘槐、银杏、合欢、楝树（苦楝）、梓树。

2）灌木类：白玉兰、腊梅、紫荆、八仙花、青枫、红叶李、贴梗海棠、钟吊海棠、桃花、山麻杆（桂圆树）、麻叶绣球、槭树、樱花、金钟花（黄金条）、木芙蓉、紫薇、木槿（槿树）、石榴。

（5）竹类：佛肚竹、慈孝竹、碧玉镶黄金、观音竹、黄金镶碧玉。

（6）藤本：络实、地锦（爬山虎、爬墙虎）、紫藤、常春藤。

（7）花卉：甘蓝（球菜花）、长生菊、美人蕉、太阳花、五色苋、菊花、一串红、兰花。

（8）草坪：四季青草、结缕草、麦冬草、天鹅绒草。

在选择植物的同时，还应着重对栽植设施进行设计，例如树穴设计以及花坛设施的设计，并进行细节上的景观化处理（图5.2-11、图5.2-12）。

图 5.2-11　不同环境中不同形式的树穴设计

图 5.2-12　不同形式的花坛细节

5.2.2 水景设计

图 5.2-13　水景是最为吸引人的环境

水体在景观设计中的作用十分重要。它能够增添宁静的气氛，具有很强的视觉冲击力；如果水是流动的，那么它还能产生悦耳的声音（图 5.2-13）。对多数人来说，流水是使人放松的最大源泉；而对另外一些人，能够映出周围景致的平静的池面才是最美的。水还是其他景观装饰物的载体。如，雕像就时常被放置在水景中或其周围（图 5.2-14），还有睡莲和其他特殊植物也是这样。而碎石和鹅卵石放置在水中则会给人一种宁静自然的感觉。其颜色、质地还会因水的存在而有所改变（图 5.2-15～图 5.2-17）。

水景常被用作构景中心，但它们也可以用来划分区域。使用水体来划分空间区

图 5.2-14　水景与雕塑的不同结合手法形成不同的景观感受

图 5.2-15　瀑布式水景　　　　　　　　　图 5.2-16　自然式水景

域起源于古城堡四周的壕沟。水还可以改善局部环境微循环，当微风吹过水面时，水体会使空气变得凉爽并湿润空气。

水景设计是景观设计的点睛之笔，但往往也是难点。水的形态多种多样，或平缓或跌宕，或喧闹或静谧，而且淙淙水声也令人心旷神怡。景物在水中产生的倒影色彩斑驳，有极强的欣赏性。水还可以用来调节空气温度和遏制噪声的传播。

图 5.2-17　城市道旁水景

正因为其柔润可塑性，景观设计时也较难把握，在建成之后也必须经常性地维护。我们一般讲景观设计中的水分为止水和动水两类，其中动水根据运动的特征又分为跌落的瀑布性水景、流淌的溪流性水景、静止的池湖性水景、喷射的喷泉式水景。随着技术设备的不断发展，出现了更多新颖形式的水景。

我们在设计水景时要注意以下几点。

首先，要注意水景的功能，是观赏类还是嬉水类，抑或是为水生植物和动物提供生存环境。嬉水类的水景一定要注意水的深度不宜太深，以免造成危险，在水深的地方要设计相应的防护措施。如果是为水生植物和动物提供生存环境则需安装过滤装置等保证水质的方法。

其次，水景设计须和地面排水相结合，有些地面排水可直接排入水塘，水塘内可以使用循环装置进行循环，也可利用自然的地形地貌和地表径流与外界相通。如果使用循环和过滤装置则须注意水藻等水生植物对装置的影响。

第三，在寒冷的北方，设计时应该考虑冬季时水结冰以后的处理，加拿大某些广场冬天就是利用冰来做公众娱乐活动。如果为了防止水管冻裂，将水放空，则必须考虑池底显露以后是否会影响景观效果，也就是说应充分考虑枯水设计。

第四，谨慎使用水景照明，尤其是动态水景的照明，在达到景观视觉效果同时还应考虑安全问题（图 5.2-18）。

图 5.2-18　水景照明形成夜间景观焦点

第五,在设计水景时注意将管线和设施妥善安放,最好隐蔽起来。

第六,注意做好防水层和防潮层的设计。

5.2.3 公共艺术

城市公共艺术是指通过艺术手段提升城市公共环境品质,并反映出城市人文特征和整体面貌,用以满足人们对城市环境的物质需求及精神需求。公共艺术是室内外环境空间不可缺少的重要内容,与环境艺术是互补和相互共融的关系。公共艺术是城市空间环境的细部和亮点,能够对所处环境起到点题和艺术提升作用。

公共艺术的核心首先是艺术的公共性。公共性的前提是对个人的尊重,同时公共性意味着交往、沟通,强调共同的社会秩序和个人的社会责任。公共艺术作为一种当代艺术的方式,它的观念和方法首先是社会学的,其次才是艺术学的。公共艺术必须向社会的公众靠拢,向公众关心的社会问题靠拢;公共艺术只有体现了对社会的人文关怀,才是在当代社会中一种可能的、有效的方式。在公共艺术领域,社会价值比艺术价值更重要,共性比个性更重要,公众的看法比专家的意见更重要。公共艺术没有通用版,只能针对具体的空间、具体的城市、特定的地域和场所(图 5.2-19、图 5.2-20)。

图 5.2-19 步行空间中的公共行为艺术

图 5.2-20 十字路口的公共艺术不仅增添了景观趣味,同时是一种行为宣传与安全警示

第6章
绿化植被设计

6.1 植物学概述

植被在景观设计中也是必不可少的因素之一，景观设计中植被的应用是否成功在于能否将植被的非视觉功能和视觉功能统一在一起。植被的非视觉功能是指植被改善气候、保护物种的功能，而视觉功能是指植被在审美上的功能，成为景观构图中不可分割的部分。

6.1.1 植物的多样性

按其在景观绿化中的用途和应用方式进行分类主要有：庭荫树、行道树、园景树、花灌木、藤木、绿篱树种、木本地被植物、抗污染树种；按景观植物观赏性进行分类主要有：花木类、果木类、叶木类、荫木类、蔓木类、林木类。

自然界的物体可以归纳为两大类：一类是没有生命的物体，称为非生物；一类是有生命现象的物体，称为生物。而地球上的生物究竟该分成多少类群，随着科学的发展，人们有着不同的看法。早在18世纪瑞典的分类学家林奈（C.Linnaeus）就把生物分成植物和动物两界。

在今天的地球上共生存着40多万种植物，它们的结构、形态各异，适应着各种不同的生活环境。植物的个体差异、种类差异、适应性差异等就构成了植物的多样性。通俗来讲，植物多样性是指地球上的植物及其与其他生物、环境所形成的所有形式、层次、组合的多样化。通常我们从以下三个方面理解，即植物的遗传多样性、植物的物种多样性、植物生态习性和生态系统的多样性。

植物的物种多样性是指植物在物种水平上的多样性，可以指一个地区内物种的多样化，也可以指全球范围内的物种的多样化。中国高等植物约3万余种，占世界总数的10.5%左右。这些物种有可能具有某些对人类有用的潜在价值。植物生态习性和生态系统的多样性是指植物长期进化过程中和生态环境之间所形成的多种多样的生态适应性，以及植物群落、生态过程变化的多样化。植物生态适应性使得它们在各自的生态系统中占据了一定的生态位,让它们能够稳定地生存在各自特定的环境条件。如寄生植物、腐生植物、共生植物、食虫植物以及热带雨林中的绞杀植物等。植物是生态系统中的生产者,生态系统通常是以植物的物种或生活型来命名的,因此生态系统的多样性离不开植物的多样性。

6.1.2 植物的基本特征

植物的生物学特征主要是指树木的生长发育规律,即由种子萌发经幼苗、小树到开花结果,最后衰老死亡的整个生命过程的发生、发展规律。具体表现在它的寿命长短、生长快慢、结果年龄、分支特点、根系深浅等方面。

植物的生态特征主要是指树木对环境条件的要求和适应能力。环境条件中影响树木生长发育的主要是气候因子和土壤因子。气候因子包括温度、水分、光照、空气等。在土壤方面,主要是指理化性质,如:土质、通透性、肥瘦程度、酸碱度等。

植物群落的基本特征主要指其种类组成、种类的数量特征、外貌和结构等。应当指该群落所含有的一切植物,但常因研究对象和目的等的不同有所侧重,它是形成群落结构的基础。在对群落进行研究时,通常用抽样方法调查其种类组成及数量特征,由于不可能对群落的所有面积进行调查,一般采用最小面积即能基本上代表群落种类组成的面积的样方。植物群落的外貌指群落的外表形态或相貌。它是群落与环境长期适应的结果,主要取决于植物种类的形态习性、生活型组成、周期性等。形态习性如高度、树冠形态、树皮外观、板根、支柱根、呼吸根、茎花等。

6.1.3 植物与人类的关系

在植物界中,种子植物不仅数量最多,而且用途最广泛,与人类的关系最密切。人们吃的粮食、蔬菜、水果等,绝大多数来自植物。人们吃的肉、蛋、奶,虽然直接来自动物,可是生产肉、蛋、奶的动物,是靠吃种子植物才能生活的。因此,可以说人们吃的肉、蛋、奶是间接来自种子植物的。至于穿衣用的棉、麻、丝、毛,同样是直接或间接地来自种子植物的。

人们制作坚固的房屋,美观实用的家具,以及车、船、桥梁等,过去都要用种子植物提供的木材,现在虽然有了水泥、钢铁和塑料,利用的木材比以前少了,但是制造其中的某些部件,还是离不开植物。

做手术和包扎伤口都离不开棉絮、纱布和绷带。这些都是棉的产品,棉属于种子植物。许多种子植物,如人参、甘草、贝母等,可作药材。随着医药科学研究的深入发展,人们发现越来越多的种子植物具有药用价值。球鞋和车辆的内外胎等日用生活品都是橡胶制品,可供提取橡胶的植物是橡胶树和橡胶草。

许多植物,如柳杉、梧桐、榆树、橙、桧等,能够吸收大气中的二氧化硫等有害气体,并且能够吸附大气中的一部分尘埃。许多种子植物还能分泌出具有杀菌能力的挥发性物质。所以，将这些种子植物广泛地种植在居民区、道路两侧和工矿区附近，既绿化了环境，又净化了空气。植物是人类呼吸中的需要的氧气来源。植物在光合作用中放出氧气。假若没有植物产生的氧气来补充大气中的氧气，那么氧气早就被耗尽了。植物可以通过叶片吸收大气中的毒气，减少大气的毒物含量。植物的叶片能降低和吸附粉尘。一些水生植物还可以来净化水域。

供观赏的花草树木，大都是种子植物。金钱松、罗汉松等裸子植物，以其四季常青的色泽和傲岸挺拔的气势，常用来制作盆景。被子植物由于具备了花，更以其秀美的外形、艳丽的花色和芳香的气味，成为绿化美化生活环境所必不可少的植物。鲜花成为人们生活中美好、幸福、友谊的象征。供观赏的种子植物，还具有陶冶情操、增进身心健康的功效。

植物能够保持水土。在那些有厚厚植物被覆盖的地带，暴雨不能直接冲刷土壤。此外，植物根系能够固结土壤颗粒，从而使土壤不易被雨水冲失。植物还能储蓄水源，削减洪峰流量。

人口的快速膨胀给植物的生存空间带来巨大的压力。人类为了生存，加大了对植物资源的索取，造成植物多样性的破坏；加之现代社会发展带来的环境污染，加剧了水源的危机，使得人类的生存空间日趋紧张。严酷的现实，使越来越多的人已经认识到：保护大自然，保护包括植物资源在内的自然资源，就是保护人类自己。

6.2 植物功能

植物是景观的重要组成部分，而且作为唯一具有生命力特征的景观要素，能使景观空间体现生命的活力，富于四时的变化。植物景观设计是指 20 世纪 70 年代后期有关专家和决策部门针对当时城市园林建设中建筑物、假山、喷泉等非生态体类的硬质景观较多的现象再次提出的生态园林建设方向，即要以植物材料为主体进行景观建设，运用乔木、灌木、藤本植物以及草本等素材，通过艺术手法，结合考虑各种生态因子的作用，充分发挥植物本身的形体、线条、色彩等自然美，来创造出与周围环境相适宜、相协调，并表达一定意境或具有一定功能的艺术空间，供人们观赏。但是，植物景观设计概念的提出是有其时代背景的。随着生态园林建设的深入和发展以及景观生态学、全球生态学等多学科的引入，景观设计的内涵也在不断扩展，现代的植物景观设计概念不但包括视觉艺术效果的景观，还包含生态上的和文化上的景观，甚至具有更深、更广的含义。

6.2.1 植物的工程建筑功能

植物的工程建筑功能主要表现在：界定空间、遮景、提供私密性空间和创造系列景观等；同时，防止眩光、防止水土流失，这类功能实际上也是空间造型功能。

植物的建筑机能无疑具有强烈的特征，在建筑与都市日益整合的今天，我们更应该重新审视影响建筑内部机能组织因素，并仔细考量这些因素的变化会对建筑机能组织的发展带来什么样的冲击和启示（图 6.2-1a ~ 图 6.2-1c）

图 6.2-1a　植物的建筑机能

要创作完美的建筑周边植物景观，必须具备科学性与艺术性两方面的高度统一，即既要满足植物与环境在生态适应上的统一，又要通过艺术构图原理体现出植物个体及群体的形式美，及人们在欣赏时所产生的意境美，这是建筑植物造景的一条基本原则。植物造景的种植设计，如果所选择的植物种类不能与种植地点的建筑环境和生态相适应，就不能存活或生长不良，也就不能达到造景的要求；如果所设计的栽培植物群落不符合自然植物群落的发展规律，也就难以成长发育达到预期的艺术效果。所以顺其自然，掌握自然植物群落的形成和发育，其种类、结构、层次和外貌等是搞好植物造景的基础。

图 6.2-1b　植物同建筑的结合（一）

图 6.2-1c　植物同建筑的结合（二）

不同环境中生长着不同的植物种类。从生态角度论述环境因子中温度对植物的生态作用、物候的景观变化以及各气候带的植物景观;从水分对植物的生态作用论述而有水生、湿生、沼生、中生、旱生等生态类型及其各种景观;从光照对植物的生态作用论述则有阳性、阴性、耐阴植物的生态类型;从土壤对植物的生态作用论述,不同基岩、不同性质的土壤有不同的植被和景观。以上是就温度、水分、光照、土壤等环境因子对植物个体的生态作用,形成其生态习性,这是植物造景的理论基础之一。

植物造景是应用乔木、灌木、藤本及草本植物为题材来创作景观的,就必须从丰富多彩的自然植物群落及其表现的形象汲取创作源泉。植物造景中栽培植物群落的种植设计,必须遵循自然植物群落的发展规律。本书论述了自然植物群落的组成成分、外貌、季相,自然植物群落的结构、垂直结构与分层现象,群落中各植物种间的关系等。这些都是植物造景中栽培植物群落设计的科学性理论基础。巧妙地运用植物的线条、姿态、色彩可以和建筑的线条、形式、色彩相得益彰。

6.2.2 植物的气候调节功能

植物调节气候的功能主要表现为:遮荫、防风、调节温度和影响雨水的汇流等。

植物是自然界的一大类生命,它们千姿百态、无奇不有。它们有杀菌、净化空气的作用;也有一些是有毒植物,它们的毒性一般在花、茎、叶、根、汁液中。所以,在一定的场合种植花草要有挑选。在植物配植中应该掌握因地制宜、因景制宜和生物多样性的原则。城市绿化中选择净化空气的植物配植、对大气污染吸收净化能力强的绿化树种对净化空气起着至关重要的作用。

种子植物构成了大片的森林,森林能够涵养水源和保持水土。据试验,一块无林坡地的土壤,只能吸收少量的雨水,其余的都随着地表径流流失了。如果有10m宽的林带,土壤就能吸收较多的雨水。如果林带宽达80m时,雨水就能被土壤全都吸收,并且转变成地下水蓄积起来,从而防止了水土流失。此外,由种子植物构成的大片森林,还具有防风固沙、调节气候的作用。

6.2.3 植物的美学功能

植物的美学功能:主要强调主景、框景以及美化其他设计元素,使其作为景观焦点或者背景。

美的植物景观设计必须具备科学性与艺术性两个方面的高度统一,即既要满足植物与环境在生态适应性上的统一,又要通过艺术构图原理,体现出植物个体及群体的形式美及人们在欣赏时所产生的意境美。植物景观中艺术性的创造极为细腻又复杂。诗情画景的体现需借鉴于绘画艺术原理及古典文学的运用,巧妙地充分利用植物的形体、线条、色彩、质地进行构图，并通过植物的秀相及生命周期的变化，使之成为一幅活的动态构图（图6.2-2）。

园林植物姿态各异。常见的木本乔灌木的树形有柱形、塔形、圆锥形、伞形、圆球形、半圆形、卵形、倒卵形、匍匐形等，特殊的有垂枝形、曲枝形、拱枝形、棕榈形、芭蕉形等。不同姿态的树种给人以不同的感觉：高耸入云或波涛起伏，平和悠然或苍虬飞舞。与不同地形、建筑、溪石相配植，则景色万千（图6.2-3、图6.2-4）。

园林中的植物花开草长、流红滴翠，漫步其间，使人们不仅可以感受到芬芳的花草气息和悠然的天籁，而且可以领略到清新隽永的诗情画意，使不同审美经验的人产生不同的审美心理的思想内涵——意境。意境是中国文学和绘画艺术的重要表现形式，同时也贯穿于园林艺术表现之中，即借植物特有的形、色、香、声、韵之美，表现人的思想、品格、意志，创造出寄情于景和触景生情的意境，赋予植物人格化。这一从形态美到意境美的升华，不但含意深邃，而且达到了"天人合一"的境界。中国历史悠久，文化灿烂，在很多古代诗词及民众习俗中都留下了赋予植物人格化的优美篇章。

6.3 植物配置设计原则

植物景观设计对于城市及人居生态环境的改善起着举足轻重的作用，但目

图6.2-2　个体植物与群体植物形成景观意境

图6.2-3　植物的个体形态

图6.2-4　巧妙的动态化景观设计

前植物景观设计中存在着许多问题和弊端,其功能性得不到满足,生态效益和经济效益更是无从谈起。尽管有许多研究者提出过这一方面的一些原则,但主要局限在科学性和艺术性等方面,不够全面。因此,有必要寻求一个正确、全面的思想行动准则,以便在各种情况下把握植物景观设计的尺度。以下,就植物景观设计的一般性原则作一探讨。

6.3.1 以人为本的原则

任何景观植物都是为人而设计的,但人的需求并非完全是对美的享受,真正的以人为本应当首先满足人作为使用者的最根本的需求。植物景观设计亦是如此,设计者必须掌握人们的生活和行为的普遍规律,使设计能够真正满足人的行为感受和需求,即必须实现其为人服务的基本功能。但是,有些为了标新立异,把大众的生活需求放在一边,植物景观设计缺少了对人的关怀,走上了以我为本的歧途。如地毯式的模纹广场,烈日暴晒,缺乏私密空间,人们只能望"园"兴叹。因此,植物景观的创造必须符合人的心理、生理、感性和理性需求,把服务和有益于"人"的健康和舒适作为植物景观设计的根本,体现以人为本,满足居民"人性回归"的渴望,力求创造环境宜人,景色引人,为人所用,尺度适宜,亲切近人,达到人景交融的亲情环境(图 6.3-1a、图 6.3-1b)。

图 6.3-1a 景观同人们生活的融合(一)

图 6.3-1b 景观同人们生活的融合(二)

6.3.2 因地制宜原则

在景观植物设计时,要根据设计场地生态环境的不同,因地制宜地选择适当的植物种类,使植物本身的生态习性和栽植地点的环境条件基本一致,使方案能最终得以实施。乡土植物是在本地长期生存并保留下来的植物,它们在长期的生长进化过程中已经对周围环境有了高度的适应性。因此,乡土植物对当地来说是最适宜生长的,也是体现当地特色的主要因素,它理所当然成为城市绿化的主要来源。

这就要求设计者首先对设计场地的环境条件(包括温度、湿度、光照、土壤和空气)进行勘测和综合分析,然后才能确定具体的种植设计。例如:在有严重二氧化硫污染的工业区,应种植酢浆草、金鱼草、白皮松、毛白杨等抗污树种;在土壤盐碱化严重的黄河三角洲地区,应选用合欢、黄栌等耐盐碱植物;在建筑的阴面或林荫下,则应种植玉簪、棣棠、珍珠梅等耐阴植物。

6.3.3 师法自然原则

植物景观设计中栽培群落的设计,必须遵循自然群落的发展规律,并从丰富多彩的自然群落组成、结构中借鉴,保持群落的多样性和稳定性,这样才能从科学性上获得成功。自然群落内各种植物之间的关系是极其复杂和矛盾的。在实现植物群落物种多样性的基础上,考虑这些种间关系,有利于提高群落的景观效果和生态效益(图6.3-2)。

图 6.3-2 景观植物的层次感

6.3 植物配置设计原则

6.3.4 时空观原则

景观植物中讲究动态序列景观和静态空间景观的组织。植物的生长变化造就了植物景观的时序变化，极大地丰富了景观的季相构图，形成三时有花、四时有景的景观效果；同时，规划设计中，还要合理配置速生和慢生树种，兼顾规划区域在若干年后的景观效果。此外，在进行植物景观设计时，要根据空间的大小，树木的种类、姿态、株数的多少及配置方式，运用植物组合美化、组织空间，与建筑小品、水体、山石等相呼应，从而协调景观环境（图6.3-3）。

6.3.5 生态性原则

植物景观除了供人们欣赏外，更重要的是能创造出适合人类生存的生态环境。它具有吸声除尘、降解毒物、调节温湿度及防灾等生态效应，如何使这些生态效应得以充分发挥，是植物景观设计的关键。在设计中，应从景观生态学的角度，结合区域景观规划，对设计地区的景观特征进行综合分析，否则，会南辕北辙，适得其反。植物是有生命力的有机体，每一种植物对其生态环境都有特定的要求，在利用植物进行景观设计时必须先满足其生态要求。如果景观设计中的植物种

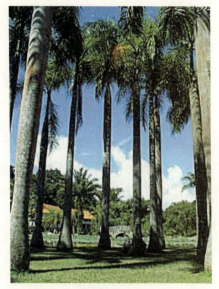

图 6.3-3　植物层次

图 6.3-4　同建筑相结合的生态景观

类不能与种植地点的环境和生态相适应，就不能存活或生长不良，也就不能达到预期的景观效果（图6.3-4）。

环境中各生态因子对植物的影响是综合的，也就是说植物是生活在综合的环境因子中。缺乏某一因子，或光、或水、或温度、或土壤，植物均不可能正常生长。环境中各生态因子又是相互联系及制约的，并非孤立的。温度的高低和地面相对湿度的高低受光照强度的影响，而光照强度又受大气湿度、云雾所左右。

尽管组成环境的所有生态因子都是植物生长发育所必需的，缺一不可的，但对某一种植物，甚至植物的某一生长发育阶段的影响，常常有1~2个因子起决定性

作用，这种起决定性作用的因子就叫"主导因子"。而其他因子则是从属于主导因子起综合作用的。如橡哎是热带雨林的植物，其主导因子是高温、高湿；仙人掌是热带稀树草原植物，其主导因子是高温、干燥。这两种植物离开了高温都要死亡。

6.3.6 历史文脉延续性原则

植物景观是保持和塑造城市风情、文脉和特色的重要方面。植物景观设计首先要理清历史文脉的主流，重视景观资源的继承、保护和利用，以自然生态条件和地带性植被为基础，将民俗风情、传统文化、宗教、历史文物等融合在植物景观中，使植物景观具有明显的地域性和文化性特征，产生可识别性和特色性。如杭州白堤的"一株桃花，一株柳"、荷兰的郁金香文化、日本的樱花文化，这样的植物景观已成为一种符号和标志，其功能如同城市中显著的建筑物或雕塑，可以记载一个地区的历史，传播一个城市的文化。而近年来我国的城市绿化出现"千城一面"的局面，城市的地域特征在绿色景观中荡然无存，人们也因体验不到城市应有的独特风貌和魅力而兴味索然。在世界经济一体化与文化多元化并行发展的今天，历史文化连续性原则更应该成为植物景观设计的指导原则（图6.3-5a、图6.3-5b）。

图6.3-5a 西方的广场绿地

图6.3-5b 东方的园林景观

6.3.7 经济性原则

植物景观以创造生态效益和社会效益为主要目的，但这并不意味着可以无限制地增加投入。任何一个城市的人力、物力、财力和土地都是有限的，须遵循经济性原则，在节约成本、方便管理的基础上，以最少的投入获得最大的生态效益和社会效益，为改善城市环境、提高城市居民生活环境质量服务。例如，多选用寿命长、生长速度中等、耐粗放管理、耐修剪的植物，以减少资金投入和管理费用。

6.3.8 形式美法则

植物景观既能创造优美的环境,又能改善人类赖以生存的生态环境,对于这一点是公认而没有异议的。然而在现实中往往有两种观点和做法存在。一种是重园林建筑、假山、雕塑、喷泉、广场等,而轻视植物。这在园林建设投资的比例及设计中屡见不鲜。而另一种是在园林建设中,已有不少有识之士呼吁要重视植物景观。植物造景的观点愈来愈为人们所接受。

但是无论如何,植物景观设计同样遵循着绘画艺术和景观设计艺术的基本原则,即统一、调和、均衡和韵律四大原则。植物的形式美是植物及其"景"的形式,一定条件下在人的心理上产生的愉悦感反应。它是由环境、物理特性、生理感应三要素构成的,即在一定的环境条件下,对植物间色彩明暗的对比、不同色相的搭配及植物间高低大小的组合,进行巧妙的设计和布局,形成富于统一变化的景观构图,以吸引游人,供人们欣赏。

植物景观的配置设计同样遵循着绘画艺术和造园艺术的基本原则。

1. 统一调和的原则

也称变化与统一。植物景观设计时,树形、色彩、线条、质地及比例都要有一定的差异和变化,显示多样性,但又要使它们之间保持一定相似性,引起统一感,这样既生动活泼,又和谐统一。变化太多,整体就会显得杂乱无章,甚至一些局部感到支离破碎,失去美感。过于繁杂的色彩会引起心烦意乱,无所适从,但平铺直叙,没有变化,又会单调呆板。因此要掌握在统一中求变化,在变化中求统一的原则(图6.3-6)。

图 6.3-6 造型图案的统一性

运用重复的方法最能体现植物景观的统一感。如街道绿带中行道树绿带,用等距离配植同种、同龄乔木树种,或在乔木下配植同种、同龄花灌木,这种精确的重复最具统一感。在一座城市中的树种规划时,分基调树种、骨干树种和一般树种三类。基调树种种类少,但数量大,形成该城市的基调及特色,起到统一作用;而一般树种,则种类多,每种量少,五彩缤纷,起到变化的作用。长江以南,盛产各种竹类,在竹园的景观设计中,众多的竹种均统一在相似的竹叶及竹竿的形状及线条中,但是丛生竹与散生竹有聚有散；高大的毛竹、钓鱼慈竹或麻竹等与低矮的箬竹配植则高低错落；龟甲竹、人面竹、方竹、佛肚竹则节间形状各异；粉单竹、白杆竹、紫竹、黄金间碧玉竹、碧玉间黄金竹、金竹、黄槽竹、菲白竹等则色彩多变。这些竹种经巧妙配植，很能说明统一中求变化的原则。

裸子植物区或俗称松柏园的景观保持冬天常绿的景观是统一的一面。松属植物都是松针、球果，但黑松针叶质地粗硬、浓绿，而华山松、乔松针叶质地细柔、淡绿；油松、黑松树皮褐色粗糙，华山松树皮灰绿细腻，白皮松干皮白色、斑驳，富有变化，美人松树皮棕红若美人皮肤。柏科中都具鳞叶、刺叶或钻叶，但尖峭的台湾桧、塔柏、蜀桧、铅笔柏，圆锥形的花柏、凤尾柏，球形、倒卵形的球桧、千头柏，低矮而匍匐的匍地柏、砂地柏、鹿角桧体现出不同种的姿态万千。

植物景观设计时要注意相互联系与配合，体现调和的原则，使人具有柔和、平静、舒适和愉悦的美感。找出近似性和一致性，配植在一起才能产生协调感。相反，用差异和变化可产生对比的效果，具有强烈的刺激感，形成兴奋、热烈和奔放的感受。因此，在植物景观设计中常用对比的手法来突出主题或引人注目。

当植物与建筑物配植时要注意体量、重量等比例的协调。如广州中山纪念堂主建筑两旁各用一棵冠径达25m的、庞大的白兰花与之相协调；南京中山陵两侧用高大的雪松与雄伟庄严的陵墓相协调；英国勃莱汉姆公园大桥两端各用由九棵椴树和九棵欧洲七叶树组成似一棵完整大树与之相协调，高大的主建筑前用九棵大柏树紧密地丛植在一起，成为外观犹如一棵巨大的柏树与之相协调。一些粗糙质地的建筑墙面可用粗壮的紫藤等植物来美化，但对于质地细腻的瓷砖、马赛克及较精细的耐火砖墙，则应选择纤细的攀援植物来美化。南方一些与建筑廊柱相邻的小庭院中，宜栽植竹类，竹竿与廊柱在线条上极为协调。一些小比例的岩石园及空间中的植物配植则要选用矮小植物或低矮的园艺变种。反之，庞大的立交桥附近的植物景观宜采用大片色彩鲜艳的花灌木或花卉组成大色块，方能与之在气魄上相协调。

色彩构图中红、黄、蓝三原色中任何一原色同其他两原色混合成的间色组成互补色，从而产生一明一暗、一冷一热的对比色。它们并列时相互排斥，对比强烈，呈现跳跃新鲜的效果。用得好，可以突出主题，烘托气氛。如红色与绿色为互补色；黄色与紫色为互补色；蓝色和橙色为互补色。我国造园艺术中常用"万绿丛中一点红"来进行强调就是一例。浙江自然风景林中常以阔叶常绿树为骨架，其中很多是栲属中叶片质地硬，且具光泽的照叶树种，与红、紫、黄三色均有的枫香、乌桕配植在一起具有强烈的对比感，致使秋色极为突出。公园的入口及主要景点常采用色彩对比进行强调。恰到好处地运用色彩的感染作用，可使景色为之增色不少。

黄色最为明亮，象征太阳的光源。幽深浓密的风景林，使人产生神秘和胆怯感，不敢深入。如配植一株或一丛秋色或春色为黄色的乔木或灌木，诸如桦木、无患子、银杏、黄刺玫、栗棠或金丝桃等，将其植于林中空地或林缘，即可使林中顿时明亮起来，而且在空间感中能起到小中见大的作用。

红色代表热烈、喜庆、奔放，为火和血的颜色。其刺激性强，为好动的年轻人所偏爱。园林植物中如火的石榴、映红天的火焰花，开花似一片红云的凤凰木都可应用。蓝色是天空和海洋的颜色，有深远、清凉、宁静的感觉。

紫色使人具有庄严和高贵的感受。园林中除常用紫藤、紫丁香、蓝紫丁香、紫花泡桐、阴绣球等外，很多高山具有蓝色的野生花卉亟待开发利用。如乌头、高山紫苑、搂斗菜、水苦荬、大瓣铁线莲、大叶铁线莲、牛舌草、勿忘我、蓝靛果忍冬、野葡萄、白檀等。白色悠闲淡雅，为纯洁的象征，有柔和感，使鲜艳的色彩柔和。园林中常以白墙为纸，墙前配植姿色俱佳的植物为画，效果奇佳。绿地中如有白色的教师雕像，则在周围配以紫叶桃、红叶李，在色彩上红白相映，而"桃李满天下"的主题也极为突出，最受中老年人及性格内向的年轻人欢迎。园林中植物种类繁多、色彩缤纷，常用灰叶植物很难达到统一各种不同色彩的效果。

2. 均衡的原则

这是植物配植时的一种布局方法。将体量、质地各异的植物种类按均衡的原则配植，景观就显得稳定、顺眼。如色彩浓重、体量庞大、数量繁多、质地粗厚、枝叶茂密的植物种类，给人以重的感觉；相反，色彩素淡、体量小巧、数量简少、质地细柔、枝叶疏朗的植物种类，则给人以轻盈的感觉；根据周围环境，在配植时有规则式均衡（对称式）和自然式均衡（不对称式）两类。规则式均衡常用于规则式建筑及庄严的陵园或雄伟的皇家园林中。如门前两旁配植对称的两株桂花；楼前配植等距离、左右对称的南洋杉、龙爪槐等；陵墓前、主路两侧配植对称的松或柏等。自然式均衡常用于花园、公园、植物园、风景区等较自然的环境中。一条蜿蜒曲折的园路两旁，路右若种植一棵高大的雪松，则邻近的左侧须植以数量较多、单株体量较小、成丛的花灌木，以求均衡（图6.3-7）。

图 6.3-7　道路两侧景观的均衡配置

3. 韵律和节奏的原则

配植中有规律的变化，就会产生韵律感。

植物景观设计的提出，对生态园林建设、经济可持续发展、生物多样性保护等诸多方面具有重要的现实意义。因此，从概念的提出到现在，植物景观设计研究也得到了快速发展，乡土植物的驯化及大量引种使得造园植物不断丰富，植物配置理论的发展使得植物不再只是建筑的附属物、硬质景观的软化剂，而是开始独立成为空间及景观画面的主要构成要素（图6.3-8）。植物保护及树木养护技术的发展使植物景观效果更加稳定持久。随着时代的发展，尤其是随生态园林的不断发展，植物景观设计将发展成为涉及土壤学、气象学、植物生理学、花卉学、树木学、植物生态学、城市生态学、景观生态学、园林规划设计、植物保护学、遥感与地理信息系统等多领域的交叉性学科。

图6.3-8a 地景式艺术铺装

图6.3-8b 青砖与绿化结合形成独特的肌理

当今，植物景观设计中出现的许多问题，归根结底，都是由于没有遵循其设计的一般性原则，对它们缺乏感性认识造成的。这些问题如果不及时解决，势必影响生态系统，尤其是城市生态系统的可持续发展。解决问题的根本就在于遵循植物景观设计的原则，少一点主观臆断，多一些客观分析，为大众创造出生态、美观、经济、舒适的生存环境，推动植物景观设计向着可持续发展的方向前进。

4. 色彩构图原则

淡绿透明的水色，是调和各种园林景物色彩的底色，如水边碧草、绿叶，水中蓝天、白云。但对绚丽的开花乔灌木及草本花卉，或秋色却具衬托的作用。英国某苗圃办公室临近水面，办公室建筑为白色墙面，于近旁湖面间铺以碧草，水边配植一棵樱花、一株杜鹃。水中映着蓝天、白云、白房、粉红的樱花、鲜红的杜鹃。色彩运用非常简练，倒影清晰，景观活泼又醒目。南京白鹭洲公园水池旁种植了落羽松和蔷薇。春季落羽松嫩绿色的枝叶像一片绿色屏障衬托出粉红色的十姐妹，绿水与其倒影的色彩非常调和；秋季棕褐色的秋色叶丰富了水中色彩。上海动物园天鹅湖畔及杭州植物园山水园湖边的香樟春色叶色彩丰富，有的呈红棕色，也有的呈嫩绿、黄绿等不同的绿色，丰富了水中春季色彩，并可以维持数周效果。如再植以乌桕、苦楝等耐水湿树种，则秋季水中倒影又可增添红、黄、紫等色彩（图6.3-9a、图6.3-9b）。

图 6.3-9a 植物色彩的搭配

图 6.3-9b 植物色彩同建筑物的结合

平直的水面通过配植具有各种树形及线条的植物，可丰富线条构图。英国勃兰哈姆公园湖边配植钻天杨、杂种柳、欧洲七叶树及北非雪松。高大的钻天杨及低垂水面的柳条与平直的水面形成强烈的对比，而水中浑圆的欧洲七叶树树冠倒影及北非雪松圆锥形树冠轮廓线的对比也非常鲜明。我国园林中自主水边也主张植以垂柳，造成柔条拂水、湖上新春的景色。此外，在水边种植落羽松、池杉、水杉及具有下垂气根的小叶榕均能起到线条构图的作用。另外，水边植物栽植的方式，探向水面的枝条，或平伸，或斜展，或拱曲，在水面上都可形成优美的线条。

5. 透景与借景原则

水边植物配植切忌等距种植及整形式修剪，以免失去画意。栽植片林时，留出透景线，利用树干、树冠框以对岸景点（图6.3-10）。如颐和园昆明湖边利用侧柏林的透景线，框万寿山佛香阁这组景观。水边植有很多枝干斜向水面、弯曲有致的台湾相思，透过其枝、干，正好框住远处的多孔桥，画面优美而自然。探向水面的枝、干，尤其似倒未倒的水边大乔木，在构图上可起到增加水面层次的作用，并且具有

图 6.3-10　水体同植物的借景关系　　　　图 6.3-11　建筑体同植物的借景关系

野趣。如三潭印月倒向水面的大叶柳。园内外互为借景也常通过植物配植来完成(图 6.3-11)。颐和园借西山峰峦和玉泉塔为景,是通过在昆明湖西堤种植柳树和丛生的芦苇,形成一堵封闭的绿墙,遮挡了西部的园墙,使园内外界线于无形中消失了。

6.4　观赏植物赏析

我国幅员辽阔,自然条件复杂多样,蕴藏着十分丰富的植物资源。植物学更是另外一门深奥的学科。这里我们主要从观赏性角度出发来对部分植物进行列举。

能在北方陈列的观赏植物必须是相当耐寒冷的种类,其中木本观赏植物有:白皮松、华山松、日本五针松、大叶黄杨、圆柏、侧柏、刺柏、龙柏、火棘、蜡梅、银杏、华盛顿棕榈、十大功劳、榔榆、紫薇等;南方地区也有不少可供观赏的植物种类,如:榕树、棕竹、银桦、十大功劳、八角金盘、罗汉松、竹柏、箬棕、南天竹、苏铁等。在不太寒冷的长江以南地区,还可陈列一些草花,如羽衣甘蓝、雏菊、三色堇、金盏菊、一叶兰、麦冬等。

6.4.1　保护性观赏植物

在丰富多彩的植物资源中,有不少种类是闻名世界的珍稀植物。其中银杉、珙桐、水杉、桫椤和金花茶就是突出的代表。银杉、珙桐、水杉、桫椤、台湾杉、金花茶、人参和望天树等珍稀植物，已被列为我国的一级保护植物。荷叶铁线蕨、银杏、水松、鹅掌楸和香木莲等100余种珍稀植物已被列为我国的二级保护植物。

银杉（图6.4-1）：银杉素有"植物中的熊猫"的美称。现在，银杉在世界上只分布在我国广西的龙胜和四川的金佛山等地。银杉的叶细长，呈线形，叶面呈亮绿色，背面有两条银白色的气孔带，因此取名银杉。以前，人们只是在德国和西伯利亚等地发现过它的化石。1955年，我国植物学家在广西龙胜发现了活着的银杉，一时引起国际植物学界的浓厚兴趣，人们赞誉它是"活化石"。银杉的发现，为科学研究提供了珍贵的资料。银杉的树姿优美，是一种很好的风景树，可供观赏。

图6.4-1 银杉

珙桐（图6.4-2a，图6.4-2b）：珙桐又叫鸽子树，是世界著名的观赏树种。每年4～5月间，在我国湖北西部和四川、贵州等地的山林中，高大的珙桐树盛开出洁白的花朵。我们看到的白色花，实际上是巨大的苞片。珙桐开花时节，满树如群鸽栖息，鸽子树的名称就是这样来的。珙桐是我国特有的珍贵树种。20世纪初，欧洲一些国家从我国引种，如今珙桐已经成为许多国家重要的观赏树种。

水杉（图6.4-3a，图6.4-3b）：水杉是古老的稀有树种。过去，人们以为水杉在世界上早已绝迹。到了20世纪40年代，我国植物学家在四川省万县发现了水杉，成为当时国际植物学界的一条重大新闻。现在，水杉这个古老的树种已经在全国各

图6.4-2a 珙桐（一）

图6.4-2b 珙桐（二）

图 6.4-3a 水杉（一）

图 6.4-3b 水杉（二）

地广泛栽种。水杉是落叶的大乔木，叶对生、线形、扁平。水杉对环境的适应性强，生长迅速，树干通直圆满，材质较好，可以制作家具和在建筑上应用。水杉的树形优美，是一种良好的绿化树种。

桫椤（图 6.4-4a、图 6.4-4b）：桫椤是现今蕨类植物中最高大的种类，也是我国的一级保护植物之一。桫椤的茎高 1～6m，有的可达 10m 以上。桫椤茎顶簇生几轮大型三回羽状复叶，复叶长 2～3m。桫椤的祖先是 3.8 亿年前古生代志留纪和下泥盆纪昌盛一时的裸蕨植物。到了新生代，经过多次地壳运动，特别是第四纪冰川的广泛分布，桫椤已濒于绝灭。我国的桫椤，现今仅在贵州、四川、广东、福建、

图 6.4-4a 桫椤（一）

图 6.4-4b 桫椤（二）

台湾等地有少量分布。桫椤的意义主要在于它具有一定的科研价值和观赏价值。目前,桫椤已被科学界称为研究古生物和地球演变的"活化石"。桫椤不开花,不结果,没有种子,它是靠藏在叶片背面的孢子繁衍后代的。

金花茶(图 6.4-5a、图 6.4-5b):金花茶与山茶同属于山茶科山茶属,是 20 世纪 60 年代初我国才发现的珍稀观赏植物,也是我国一级保护植物之一。金花茶主要产在我国的广西和云南。金花茶被发现后不久,就流传到国外,在国际上引起了轰动。金花茶是高 2~6m 的常绿小乔木,叶长圆形,薄而革质,花有 7~8 枚花瓣,多的可达 17 枚。金花茶的花呈淡黄色至金黄色,并且具有蜡质光泽,在观赏的山茶中是罕见的。

图 6.4-5a 金花茶(一)

图 6.4-5b 金花茶(二)

鹿角蕨(图 6.4-6a、图 6.4-6b):野生观赏植物、国家二级重点保护植物。生长于西双版纳的热带雨林里,翠绿色叶片生长于高大乔木的树干上,既有向上丛生

图 6.4-6a 鹿角蕨(一)

图 6.4-6b 鹿角蕨(二)

的,也有向下悬垂的。每张叶片的顶端都分裂成两瓣,每一瓣又接着分裂成两瓣,看起来酷似马鹿的角。鹿角蕨以高大乔木的树身为家园,但对乔木却没有什么伤害,因为它是附生植物,而不是寄生植物。它仅靠空气和雨水赐予的食物即可养活自己,而不需要再吸取乔木的营养。

6.4.2 一般观赏性植物

下面再简要介绍一些观赏性的植物。

朱缨花(图 6.4-7a、图 6.4-7b):原产于美洲热带和亚热带,在印度也有分布。常绿灌木,高约 2m 或更高。花期春、夏季。喜温暖和阳光充足的环境,要求土层深厚。热带和亚热带地区可露地栽植,北方地区可盆栽观赏。

图 6.4-7a 朱缨花(一)

图 6.4-7b 朱缨花(二)

图 6.4-8 大王椰子

大王椰子(图 6.4-8):乔木,高 10～20m;茎幼时基部明显膨大,老时中部膨大。叶聚生于茎顶,羽状全裂,长达 3.5m;花小,白色,雌雄同株。我国广东、广西和台湾有栽培。通常为行道树,或植于庭园中,种子可作鸽的饲料。

火烧花(图 6.4-9):属常绿小乔木,树高 15cm,胸径 30cm。我国广西、广东和台湾有分布。国外缅甸、越南和老挝亦有分布。可用于房屋建筑,如椽子、桁条、栅等;也可作家具、农具和把柄等。还可旋切贴面装饰板。当地群众用为庭园绿化树种,花可食,叶可作药。

火焰花(图 6.4-10):又名苞萼木,高约

图 6.4-9 火烧花

图 6.4-10 火焰花

10m，树冠较大，长 30~50cm，深绿色；花朵较多，常簇生于枝顶，花形杯状，花色艳红，花瓣边缘有一圈金黄色，花期冬春间，盛开时远望犹如熊熊燃烧的火焰。火焰树枝叶繁茂，绿荫如盖，常作荫庇树或行道树，也适宜公园、旅游区种植。原产非洲，喜温暖、潮湿，阳光充足。

墨兰（图 6.4-11）：墨兰又名中国兰，常生于山地林下溪边，也见于常绿阔叶林或混交林下草丛中，剑形，长 60~150cm，宽 2~3.5cm，花色多变，有香气，花期 2~3 月份。墨兰花香色美，叶形独特，花和叶缘色泽有多种变化，又是多种珍贵的观赏兰花的培育母本。

竹叶兰（图 6.4-12）：属于陆生兰，直立，高 30~60cm。叶长条形渐尖，唇盘上具 3~5 条褶片。国内主要分布于四川、云南、贵州、湖南、江西、浙江、台湾、福建、广东、广西；在日本、印度也可见。

笋兰（图 6.4-13）：属于陆生兰，高 30~50cm。具粗短的根状茎。茎粗壮，

图 6.4-11 墨兰

图 6.4-12 竹叶兰

图 6.4-13 笋兰

圆柱形，在云南称岩笋或石笋。叶长椭圆形渐尖，夏季开花，花瓣和萼片为白色。

多花指甲兰（图6.4-14）：茎粗壮，长5～20cm。叶矩圆形，长20～29cm，宽2～3.5cm，花白色带紫色斑点，长约18mm，宽12mm，边缘具有不明显的钝齿；共粉块2个，半裂。分布于广西、云南南部，亚洲热带其他地区也有。

姜黄（图6.4-15）：多年生草本；根状茎深黄色，极香。叶片矩圆形或椭圆形，两面均无毛；苞片卵形，长3～5cm，绿白色，上部无花的较狭。分布于我国东南至西南部，东半球热带、亚热带地区广布栽培。

郁金（图6.4-16a，图6.4-16b）：多年生草本，黄色，芳香。叶片矩圆形，顶端暗具细尾尖，叶柄约与叶片等长。花葶由根状茎抽出，与叶同时发出或先叶而出。多分布于我国东南部至西南部，栽培或野生于林下。

图6.4-14　多花指甲兰

图6.4-15　姜黄

图6.4-16a　郁金（1）

图6.4-16b　郁金（2）

舞花姜（图 6.4-17）：多年生草本，茎高达 1m。叶片矩圆形或卵状披针形，长 12～20cm，宽 4～5cm，花为黄色。分布于我国南部至西南部，生阴湿处。

水蕉花（图 6.4-18*a*、图 6.4-18*b*）：多年生草本，高 1～2m，顶部常分枝。叶片矩圆形或披针形，顶端渐尖或尾状渐尖，基部近圆形，花白色，基部橙黄。分布于台湾、广东、广西、云南；东南亚至南亚热带地区也有分布。生于疏林下山谷阴湿地，或栽培。

图 6.4-17 舞花姜

图 6.4-18*a* 水蕉花（一）

图 6.4-18*b* 水蕉花（二）

龟背竹（图 6.4-19）：我国南方许多宾馆、酒店、公园以及私人宅院里都经常使用的一种奇特、有趣的植物。翠绿色的茎干壮实丰满，在茎端伸出许多奇怪的叶片，像竹叶一样光亮，似芭蕉叶那样硕大，叶脉间长着一个个大小不等的鹅卵形穿孔，叶边长着好多指状的裂沟，整张叶片仿佛一只斑龟的背纹。这就是天南星科著名的观赏植物——龟背竹，也常常被人们称作麒麟叶。

变叶木（洒金榕）（图 6.4-20*a*、图

图 6.4-19 龟背竹

6.4-20b）：在观赏植物中，人们一向比较重视色、香、形俱佳的观花植物，甚至有"赏花归来马蹄香"的诗句。在观叶植物中，变叶木便是非常具有代表特色的。虽然变叶木没有艳丽的花朵，也没有扑鼻的芳香，但它以形状奇异、色彩缤纷、美丽别致的叶片跻身于观赏植物的行列，深得人们青睐，并风靡于南方各省区的观赏园区中。其叶色有亮绿色、白色、灰色、红色、淡红色、深红色、紫色、黄色、黄红色等，因此，变叶木也常常被人们称作洒金榕。

时钟花（图 6.4-21）：时钟花为一种黄色小花。自古道"花开花落自有时"，每到开花季节，每天早晨太阳升起时，大约 9 点钟左右，花朵就绽放；下午太阳落山时，大约 6 点钟左右，花朵就闭合。每朵小花每天都是这样，大约要持续一星期左右才凋谢。在西双版纳常见。

茶树王（图 6.4-22）：茶科植物，高达 1～3m；在西南及华南地区多栽培乔木

图 6.4-20a　变叶木（洒金榕）（一）

图 6.4-20b　变叶木（洒金榕）（二）

图 6.4-21　时钟花

图 6.4-22　茶树王

型茶树。我国茶区辽阔,品种丰富,茶类众多。至今,我国茶区南自海南岛,北至山东蓬莱,西自西藏林芝,东至台湾省,遍及18个省区。

苏铁(图6.4-23a、图6.4-23b):常绿棕榈状木本植物,茎高达5m。叶羽状,长达0.5～2.4m,边缘反卷;雄球花长圆柱形,种子秋天成熟。苏铁体形优美有反映热带风光的观赏效果,常布置于花坛的中心或盆栽布置于大型会场内供装饰用。

图6.4-23a 苏铁(一)

图6.4-23b 苏铁(二)

南洋杉(图6.4-24):常绿乔木,大枝轮生。叶螺旋状互生。南洋杉树形高大,姿态优美。其与雪松、日本金松、金钱松、巨杉合称为世界五大公园树。南洋杉最宜作为景观用树或作纪念树,亦可作行道树用。南洋杉又是珍贵的室内盆栽装饰树中。

雪松(图6.4-25):常绿乔木,高可达50m以上,胸径可达3m;树冠呈圆锥

图6.4-24 南洋杉

图6.4-25 雪松

形。树皮灰褐色;一年生长枝淡黄褐色,有毛,短枝灰色。雪松树体高大,树形优美,为世界著名的观赏树,并作为名贵的药用树木。最宜孤植于草坪中央、建筑前庭中心、广场中或主要大建筑物的两旁及园门的入口处等。

女贞(图6.4-26a、图6.4-26b):常绿乔木,高达10m;树皮灰色,平滑。叶顶端尖,基部圆形或阔楔形,花白色,核果长圆形,蓝黑色。女贞枝叶清秀,终年常绿,夏日满树白花,又适应城市气候环境;常栽于庭园观赏,广泛栽植于街坊、宅院,或作园路树,或修剪作绿篱用;对多种有毒气体抗性较强,可作为工矿区的抗污染树种。

图6.4-26a 女贞(一)

图6.4-26b 女贞(二)

图6.4-27 茶梅

茶梅(图6.4-27):乔木或灌木。单叶互生,革质,无托叶。花瓣各为5片;茶梅花大而美丽,既可观赏,又可入药。

一品红(图6.4-28):茎光滑,含乳汁;株高可达0.6~3m。叶互生且背面有软毛;开花时呈朱红色,一品红是冬春重要的盆花和切花材料,其花色艳丽,花期很长,又正值圣诞节、元旦、春节开放,故深受国内外群众的欢迎,常用它布置花坛、会场;或装饰会议室、接待室等。又可作切花材料、制作花篮、插花等。

扶桑(图6.4-29):常绿灌木,高2~5m,全株无毛。叶面深绿色有光泽。

6.4 观赏植物赏析

图 6.4-28 一品红

图 6.4-29 扶桑

图 6.4-30a 八仙花（一）

图 6.4-30b 八仙花（二）

原种花红色，中心部分深红色。扶桑属花卉是温室盆栽花木，花期很长，花大色艳，是布置花坛、会场、公园的名贵盆栽花木。

八仙花（图 6.4-30a、图 6.4-30b）：高 1～4m。叶对生。花初开绿色后转为白色，最后变成蓝色或粉红色。八仙花为耐阴花卉，可以露地布置，如植于建筑的北面。

香樟（图 6.4-31）：乔木或灌木（除

图 6.4-31 香樟

113

无根藤属),小枝常绿色或淡绿色,具油细胞,各部分有香气。单叶互生,稀对生或簇生,全缘,稀有裂,无托叶。为著名庭荫树,校园的主要庭荫树种。

山玉兰(优昙花)(图 6.4-32):山玉兰花大芳香,为优良园林树种。

白玉兰:白玉兰喜光,置于向阳的庭院、屋顶花园,多见阳光生长健壮繁茂;半阴条件下虽也能生长,但较瘦弱且花少;过阴则无花。它较耐寒,北京及其以南地区都可在室外越冬。

广玉兰(图 6.4-33):原产美洲。

鹅掌楸(图 6.4-34):叶先端宽截形,两侧各有 1~2 裂片,形如马褂,又名马褂树。

睡莲(图 6.4-35):多年生水生草木,地下根茎粗短。叶丛生,叶片卵圆形;

图 6.4-32　山玉兰

图 6.4-33　广玉兰

图 6.4-34　鹅掌楸

图 6.4-35　睡莲

叶背紫红色浮于水面；花白色或粉红色。叶形秀丽，花朵大，色彩淡雅，花期长，是美化水面的优良花卉材料，常植于浅水水域、喷水池和金鱼池等。还可与其他水生花卉，如鸢尾、伞草等配植，组成高低错落、体态多姿的水上景色。

橡皮树（图 6.4-36）：常绿乔木，高 30m 余；盆栽仅高 1~2m，主干明显，少分枝。叶片为长椭圆形，亮绿色。由于其植株高大，叶片厚实，色彩浓绿，气派不凡，是优良的盆栽观叶花木；常陈设大厅、堂、会场、展室，给人以生机盎然、充满活力之感。也可作庭荫树。

董棕（图 6.4-37）：常绿乔木，最高可达 20m，通常盆栽株高约 2m，花黄色，花期 7 月，浆果球形呈淡红色。

假槟榔（图 6.4-38）：常绿乔木，高达 30m 余；黄绿色常华而不实。列植。

美丽针葵（图 6.4-39）：常绿灌木，高 1~2m，植株体态轻盈、别致，是棕榈

图 6.4-36　橡皮树

图 6.4-37　董棕

图 6.4-38　假槟榔

图 6.4-39　美丽针葵

图 6.4-40a 羽衣甘蓝（一）

图 6.4-40b 羽衣甘蓝（二）

图 6.4-41 王莲

科植物中株形较小的种类之一，为优良的盆栽观叶花卉。也可作为厅、堂等室内装饰植物。

羽衣甘蓝：（图 6.4-40a、图 6.4-40b）：是甘蓝的园艺变种，由蔬菜摇身变为花卉，又名"叶牡丹"。叶序比较大，比较壮，直径大于 30cm；为一、二年生草本植物。栽培一年植株形成莲花状叶丛，经冬季低温，于翌年开花、结实。花期 4～5 月。原产地中海沿岸。喜冷凉气候，极耐寒，可忍受多次短暂的霜冻，耐热性也很强，生长势强，栽培容易。

王莲（图 6.4-41）：属睡莲科，多年生或一年生大型浮叶草本。白色；王莲的初生叶呈针状，6～10 片叶呈椭圆形至圆形，11 片叶后叶缘上翘呈盘状，叶缘直立，叶片圆形，像圆盘浮在水面，直径可达 2m 以上，王莲的花很大，单生，第一天白色，有白兰花香气，次日逐渐闭合，傍晚再次开放，花瓣变为淡红色至深红色，第三天闭合并沉入水中。

雏菊（图 6.4-42a、图 6.4-42b）：是菊科中多年生草本植物。常秋播作两年生栽培（高寒地区春播作一年生栽培）。株高 15～20cm。耐寒，宜冷凉气候。在炎热条件下开花不良,易枯死。花大,丰满,色艳。雏菊生长期喜阳光充足,不耐阴。

白皮松(图 6.4-43a、图 6.4-43b):常绿针叶乔木,高达 30m,幼树干皮呈灰绿色,光滑,大树干皮呈不规则片状脱落,形成白褐相间的斑鳞状,极其美观。分布于山西、河北等广大地区。喜光、喜湿润山坡。木材纹理直,加工后有光泽和花纹,供细木工用。其树姿优美,树皮奇特,可供观赏。

散尾葵(图 6.4-44a、图 6.4-44b):植株高大,叶片碧绿,北方盆栽常用于布置会场、厅、堂,格外雄壮。散尾葵每天可以大量水分,是最好的天然"增湿器"。

图 6.4-42a 雏菊(一)

图 6.4-42b 雏菊(二)

图 6.4-43a 白皮松(一)

图 6.4-43b 白皮松(二)

图 6.4-44a 散尾葵（一）　　图 6.4-44b 散尾葵（二）

此外，它对二甲苯和甲醛有十分有效的净化作用。经常给植物喷水不仅可以使其保持葱绿，还能清洁叶面的气孔。这种原产于热带的棕榈科植物是目前最受欢迎的室内植物之一。

鹅掌楸（图 6.4-45）：又叫马褂木，这是因为鹅掌楸的叶片就像挂在树梢上的小马褂——叶片的顶部平截，犹如马褂的下摆；叶片的两侧平滑或略微弯曲，好像马褂的两腰；叶片的两侧端向外突出，仿佛是马褂伸出的两只袖子。属国家二级保护植物。鹅掌楸生长迅速，干形直，木材用途广，叶和花都具有较高的观赏价值，是高级绿化树种之一，深受人们的喜爱，但现存资源十分稀少，已被我国列为二级珍稀濒危保护树种。

箬棕（图 6.4-46）：喜阳光直射，较耐寒，可在 -5℃ 低温条件下生长，成株耐

图 6.4-45 鹅掌楸　　图 6.4-46 箬棕

干旱且抗风,高热海风与寒冷干风对其也不会形成损害。其形态优美,且非常耐寒及抗风,在我国长江以南的广大地区作行道树或庭院观赏栽培,其苗期生长非常缓慢,成株后则非常雄伟壮观。

金盏菊(图6.4-47a、图6.4-47b):植株矮生、密集,花色有淡黄、橙红、黄等,鲜艳夺目,是早春园林中常见的草本花卉,适用于中心广场、花坛、花带布置,也可作为草坪的镶边花卉或盆栽观赏。

图6.4-47a 金盏菊(一)

图6.4-47b 金盏菊(二)

珙桐(图6.4-48):又名水梨子、鸽子树。落叶乔木,花奇色美,是1000万年前新生代第三纪留下的孑遗植物,在第四纪冰川时期,大部分地区的珙桐相继灭绝,只有在我国南方的一些地区幸存下来,成为了植物界今天的"活化石"。有"植物活化石"之称,是国家八种一级重点保护植物中的珍品,为我国独有的珍惜名贵观赏植物,又是制作细木雕刻、名贵家

图6.4-48 珙桐

具的优质木材,因其花形酷似展翅飞翔的白鸽而被西方植物学家命名为"中国鸽子树"。珙桐生长在海拔1800~2200m的山地林中,多生于空气阴湿处,喜中性或微酸性腐殖质深厚的土壤,在干燥多风、日光直射之处生长不良,不耐瘠薄,不耐干旱。幼苗生长缓慢,喜阴湿,成年树趋于喜光。珙桐枝叶繁茂,叶大如桑,花形似鸽子展翅。白色的大苞片似鸽子的翅膀,暗红色的头状花序如鸽子的头部,绿黄色的柱头像鸽

子的嘴喙,当花盛时,似满树白鸽展翅欲飞,并有象征和平的含意。

大叶黄杨(图6.4-49a、图6.4-49b):为温带及亚热带树种,产我国中部及北部各省,栽培甚普遍,日本亦有分布。喜光,亦较耐阴。喜温暖湿润气候亦较耐寒。要求肥沃疏松的土壤,极耐修剪整形。大叶黄杨叶色光亮,嫩叶鲜绿,极耐修剪,为庭院中常见绿篱树种。可经整形环植门旁道边,或作花坛中心栽植。其变种斑叶者,尤为美观。住宅可用以装饰为绿门、绿垣,亦可盆植观赏。

图6.4-49a 大叶黄杨(一)

图6.4-49b 大叶黄杨(二)

图6.4-50 麦冬

麦冬(图6.4-50):四季常绿,生态适应性广,阴处阳地均能生长良好,繁殖又容易,是理想的观叶地面覆盖植物。麦冬抗性强,既可生长在阳光下,也可在阴处生长,在阴湿处生长叶面有光泽。喜肥沃排水良好的土壤,但亦能耐瘠薄的土壤。在种植早期应增施肥料,可加快其生长,尽早覆盖地面。

三色堇(图6.4-51a、图6.4-51b):原产欧洲,性耐寒。我国引进的时间较久,经自然杂交和人工选育,目前三色堇花的色彩、品种比较繁多。除一花三色者外,还有纯白、纯黄、纯紫、紫黑等。另外,还有黄紫、白黑相配及紫、红、蓝、黄、白多彩的混合色等。从花形上看,有大花形、花瓣边缘呈波浪形的及重瓣形的。还有一种多年生丛生状的香堇,花深紫色,具有芳香味,可提取香精。

苏铁(图6.4-52):为热带及亚热带南部树种,全国各地有栽培。云南、广东、

6.4 观赏植物赏析

图 6.4-51a 三色堇（一）

图 6.4-51b 三色堇（二）

福建、台湾、四川等省，多露地栽培于庭院中；江苏、浙江及华北各省多栽于大盆中，冬季置于温室中越冬。喜光，喜温暖、干燥及通风良好的环境；土壤以肥沃、疏松、微酸性的沙质壤土为佳；不耐寒，生长缓慢。苏铁树形古雅，主干粗壮，坚硬如铁；羽叶洁滑光亮，四季常青，为珍贵观赏树种。南方多植于庭前阶旁及草坪内；北方宜作大型盆栽，布置庭院屋廊及厅室，殊为美观。

图 6.4-52 苏铁

棕竹（图 6.4-53）：又称棕榈竹、观音竹，为棕榈科棕竹属常绿灌木。高 2～3m，干直立，色绿如竹不分枝，叶似棕榈而小。花期 4～5 月，穗状花序腋生，花小，淡黄色。清幽静谧的棕竹，甚耐阴，可常年放在明亮的室内陈设。为提高观赏效果，棕竹可直接栽入造型优美的瓷盆中，或可栽在高大的热带植物冠幅下面，构成一幅美丽的热带山林自然景观，十分惹人喜爱。棕竹不仅株丛紧密秀丽，而且茎干坚韧富有弹性，是制作手杖和伞柄的优良材料，粗细适

图 6.4-53 棕竹

121

度，多用于制作精致的手工艺品，经济价值颇高。棕竹喜温暖、湿润气候条件，不耐寒，要求疏松肥沃的酸性腐殖土，如腐叶土、泥炭土或塘泥。用播种和分株法繁殖，但种子一般较难收到。在早春新芽尚未长出前结合换盆分株为好。在分切时应注意尽量少伤根、不伤根，分株后的盆苗应放在蔽荫和稍潮湿处，每日间叶面及周围喷水2~3次，以便其尽快恢复后排正常栽培管理。生长旺盛期即5~9月间，每隔2~3周施一次酸性液体肥料。要经常保持盆土湿润，忌积水，干旱季节每日向叶面喷水1~2次。北方盆栽，冬季应移入不低于5℃的温室越冬。

蒲葵（图6.4-54）：以观赏为主，属于观赏植物。树干可作手杖、伞柄、屋柱，嫩芽可食。不耐寒，越冬最低温度在0℃以上。不耐旱，可耐短期水涝。喜欢湿润而温暖的气候条件，除我国亚热带华南、西南外，它也适宜盆栽。适宜肥沃湿润的土壤，在疏荫下生长较好，怕盐碱。蒲葵大量盆栽常用于大厅或会客厅陈设。在半阴树下置于大门口及其他场地，应避免中午阳光直射。叶片常用来做蒲扇。

图6.4-54a 蒲葵（一）　　　　　　图6.4-54b 蒲葵（二）

鱼尾葵（图6.4-55a、图6.4-55b）：原产热带、亚热带及大洋洲。喜温暖湿润及光照充足的环境，也耐半阴，忌强光直射和曝晒，不耐寒。要求排水良好、疏松肥沃的土壤。

银杏（图6.4-56）：世界上最古老的树种之一。俗称白果、公孙树。最早出现于3.45亿年前的石炭纪，曾广泛分布于北半球的欧、亚、美洲，与动物界的恐龙一样称王称霸于世。至50万年前，发生了第四纪冰川运动，地球突然变冷，绝大多数银杏类植物濒于绝种，唯有我国自然条件优越，才奇迹般地保存下来。所以，科学家称它为"活化石"，"植物界的熊猫"。目前，浙江天目山，湖北大别山、神农架等地都有野生、半野生状态的银杏群落。毫无疑问，国外的银杏都是直接或间接从我国传入的。

图6.4-55a 鱼尾葵（一）

图6.4-55b 鱼尾葵（二）

银杏为著名的"活化石"。中生代侏罗纪银杏曾广泛分布于北半球，白垩纪晚期开始衰退。第四纪冰川降临，在欧洲、北美和亚洲绝大部分地区灭绝，野生状态的银杏残存于中国浙江西部山区。由于个体稀少，雌雄异株，如不严格保护和促进天然更新，残存林分将被取代。

女贞（图6.4-57a、图6.4-57b）：属乔木植物，一般高6m左右。叶革质而脆，卵形、宽卵形、椭圆形或卵状披针形，长6～12cm，无毛。圆锥花序长12～20cm。核果矩圆形，紫蓝色，长约1cm。适应性强，喜光，稍耐阴。喜温暖湿润气候，稍耐寒。不耐干旱和瘠薄，适生于肥沃深厚、湿润的微酸性至微碱性土壤。根系发达。萌蘖、萌芽力均强，耐修剪。抗二氧化硫和氟化氢。常绿乔木，树冠卵形。树皮灰绿色，平滑不开裂。枝条开展，光滑无毛。单叶对生，卵形或卵状披针形，先端渐尖，基部楔形或近圆形，全缘，

图6.4-56 银杏

表面深绿色，有光泽，无毛，叶背浅绿色，革质。6~7月开花，花白色，圆锥花序顶生。浆果状核果近肾形，10~11月果熟，熟时深蓝色。女贞枝叶茂盛，叶片浓绿，可作行道树或丛植配置，抑或修剪成高绿篱。由于其抗有毒气体的能力较强，是工厂绿化的优良树种。

图6.4-57a 女贞（一）

图6.4-57b 女贞（二）

第7章
景观设计绘图表现

7.1 景观绘图的内涵

景观设计表现是本学科的重要设计手段,是一种用来表达设计构思的绘画。如同环境艺术学科是由传统园林学、规划学、建筑学的学科发展交融所来,景观艺术设计表现技法也是从建筑绘画表现发展而来的。设计表现是设计师必备的技能,也是社会对设计师资格审核最为重要的一项,因为这直接体现着设计师的素质级别和水平层次。

景观绘画的内涵从发展进程来看可分为两类。

7.1.1 以建筑物为主题

主要指出自画家之手的美术创作作品:

(1)在这种绘画中描绘出的建筑物,往往是作为一种美的对象来刻画;

(2)经过充分的艺术加工并具有强烈的感染力和艺术魅力;

(3)画家在进行创作时对画面中的建筑物的形态、结构、材料与做法等,就不一定描绘得十分准确,有些还会故意作一些艺术上的变形、夸张、概括与省略等处理;

(4)所以这类建筑绘画作品的主要着眼点在于画家艺术情感的表达,所完成的也只是一件可供观赏、有建筑内容的绘画艺术作品(图7.1-1a、图7.1-1b)。

图7.1-1a 以建筑物为主题的景观绘图(一)

图 7.1-1b 以建筑物为主题的景观绘图(二)

7.1.2 以描绘工程建筑为主题

它主要出自于建筑师之手:

(1) 这类建筑绘画作品有着鲜明的工程意义和具体的服务对象;

(2) 一般是在建筑尚未建成之前,依据建筑师已作出的平、立、剖面图和建筑基地环境场景描绘出来的,具有立体的空间层次与真实的环境气氛以及丰富的色彩效果和不同的材料质感(包括平面、立面、透视与轴测表现图等);

(3) 作用是可送规划、设计、管理等部门,供投资者与施工者以及建筑师同行之间进行研究、推敲、评审及展示所用;

(4) 是建筑师表达设计构想的语言(图 7.1-2a、图 7.1-2b)。

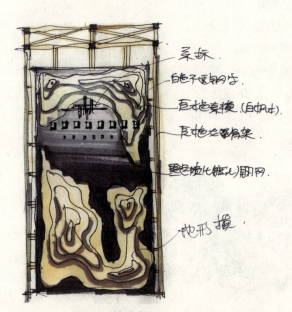

图 7.1-2a 立面及材质索引

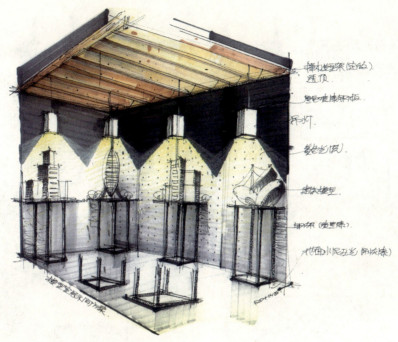

图 7.1-2b　透视及材质索引

7.2　景观绘图符号

7.2.1　绘图工具

能正确地使用制图仪器为环境艺术设计制图的基本要求。

（1）纸张：绘图纸、拷贝纸、硫酸纸。

（2）笔：铅笔、针管笔。

（3）尺：丁字尺、平行尺、三角板、比例尺、曲线板、模板、量角器、直线规、圆规、分段规、消字板。

7.2.2　绘图技法

绘图技法主要用于方案表现和快速表现中。平面绘图中主要包括方案分析图、平面图、立面图、剖面图以及透视表现（图 7.2-1a～图 7.2-1d）。

画面能吸引观赏者的注意，而吸引力的强弱有赖于构图的好坏以及主题的表现。画面上的主题可以利用副景辅助，使其更加突出。在景观设计图中则将主景区较为精致的部分安排于图面的中心部分，并以较细腻、精致的线条加以描绘。

第7章 景观设计绘图表现

图 7.2-1a 户外花园平面草图

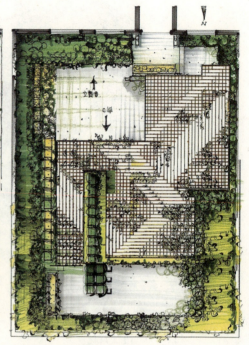

图 7.2-1b 景观平面图

图 7.2-1c 透视图（一）

图 7.2-1d　透视图（二）

在画面上的陪衬体及背景是缓和视线张力的休止符，避免眼睛过于注意某一点而疲倦，因此背景或副景最重要的目的是"暂时将视线由主题中引导出来"。此外利用装饰物如汽车、船、人物等造成画面上动与静的韵律感，使得观赏者进入想象中的空间里云游。通常绘画最重要的是主题，画面愈简洁主题愈突出，画面的主线条越明朗趣味也越深刻，因此在画面的处理上除了强调主题外，宜将其余的景物背景化。

设计图不像艺术画可任意表现，在内容中要简略某些符号，而夸张表示效果也必须依据设计绘图法则，例如尺寸大小是不能任意更改的，而整个画面生动效果的控制是与一般绘画原理相通的。

在绘图时应注意构图的平衡与图面的立体感、深度感。依此原理将表现技法作进一步说明。

1. 图面构图技巧

通常平面图的范围线支配整个设计内容的外框，而根据设计内容的繁简确定画面上的重心比例绘制时，可以利用线条与质地表现法来强调画面的重心，并使得画面保持平衡：

（1）水平式构图表示安定与力量；

（2）垂直式构图令人有严肃、端正的感觉；

（3）三角形构图的特点，是给人一种强烈的刺激，但这种刺激通常是愉快的；

（4）长方形构图是普遍受人喜爱的，因此施工图、平面图均利用此法使图面均衡分布在画面上。

2. 图面着色

环境艺术制图，大都用黑色线条，但有时为了增强效果，均加以着色。着色时，如为透视图则可按风景画法，按实际色彩着色；如为平面图着色，其颜色的表示，一般如下：

建筑物（房屋）——暗红色；

灌木——褐色或黄褐色；

园路——淡黄褐色；

针叶树——蓝绿色；

草地——淡黄绿色；

常绿阔叶树——浓绿色；

花坛——粉红色；

落叶阔叶树——淡褐色或淡绿色；

水——淡蓝色或黑色。

为了加强视觉效果，可加用深色，形成立体化阴影（图 7.2-2）。

3. 深度感表现法

真实的事物是立体的，实物之间有距离、有深度、有空间，而画面是二度空间的平面作业。良好的平面绘制作品只有使人看起来具有长、宽、高度的三度空间，才能将观赏者带入想象的图画空间中。至于深度的感觉必须运用绘图技巧，使得观赏者感觉到立体效果。造成画面深度感的方法可分为质感表现法和阴影表现法。

图 7.2-2　水体及阴影的表现

(1) 质感表现法

为求景观图样和实物相似，使人了解景观竣工后理想的情景及其外观，在景观表现中就有各种材料（如植栽、铺面、混凝土等）的质感表现，使图画不仅表达设计物的形态，同时也说明使用的材料种类及所造成的特殊气氛，使图面更真实。

1）主要画面质感表现技法

色调法：利用不同色调烘托出主题或景物的远近层次感。

线条法：利用线条粗细表现主题或景物的远近，近者以粗重的线条表示，远者以轻细的线条表现。

2）质感表现的工具

质感表现技法因绘图工具及纸材的不同而有不同的效果。

3）质感表现技法

质感表现技法，只用笔触处理调子而产生层次的变化。可利用线条、点、乱纹、匀质等（图7.2-3）。

(2) 重叠与阴影表现技法

1）重叠表现法

利用重叠表现法描述物体的高度及在不同时间、不同地表铺面的情况，使画面产生立体化的效果，如此平面图不仅说明空间尺寸、方位、特性，而且三度空间的感受使画面更生动，更具说服力。重叠表现时宜注意：先画出较高大的树木，而低

图7.2-3 道路质感的表现

矮的小树因为部分被遮住只绘出显露的部分，此时必须细心地安排空间，使其分枝不致互相干扰或阻隔。上、下层树木的符号要易于分别，上层高大树木图例宜采用较粗线条的分枝法，而下层植被则用较细线条的轮廓法表现。

2）阴影表现法

平面图中阴影只是一种强化图面感觉的符号，并不能正确地计算出太阳的方位，因为在正常阴影情况下，太长的阴影可能将许多设计细节都遮盖了，但阴影表现可使画面更生动（图 7.2-4a、图 7.2-4b）。

图 7.2-4a　阴影的表现

图 7.2-4b　投影的表现

7.3 图面表现方法

7.3.1 表现方法分类

1. 根据绘画使用的工具来分

(1) 软笔画（毛笔蘸上调色溶剂绘画）

水彩、水粉、淡彩、国画、丙烯、透明色。

(2) 硬笔画

铅笔、炭笔、绘图笔、彩色铅笔、马克笔、喷笔。

(3) 穿插使用

铅笔水色渲染、钢笔淡彩。

2. 根据绘图方式分

(1) 徒手画（主要用来绘制草图）：对方案进行构思、推敲、修改。

(2) 工具画（多用于正式图纸）：作为方案定稿、审阅、展示用。

3. 根据绘画时用色与否来分

(1) 黑白画：效果自然朴实，如素描、速写、水墨渲染。

(2) 彩色画：生动逼真，如淡彩、重彩。

还有一些应提到的是：电脑绘图、三维动画演示。

7.3.2 绘画工具

建筑绘画的工具并不像其他绘画那样拘泥于专用的工具，可以说只要能够达到绘画效果，任何工具都可以使用。所以建筑绘画不仅应掌握好各种工具的使用，更应该灵活使用、组合使用。基本的工具归类如下：

(1) 纸：素描纸、水彩纸、水粉纸、绘图纸、色纸、卡纸、硫酸纸。

(2) 笔：铅笔、钢笔、绘图笔、水彩笔、排刷、毛笔（叶筋，勾画植物、纤维等）、尼龙笔（表现结构）、彩色铅笔、喷笔、马克笔等。

(3) 颜料：水彩、透明色、水粉等。

(4) 辅助绘图工具：尺子、曲线板、蛇尺、靠尺、鸭嘴笔等。

7.3.3 绘画技法

绘画技法需要有较强的美术功底和大量的临摹实践。

(1) 水彩色技法水彩技法常用的主要有平涂、叠加、退晕、水洗、流白等（图 7.3-1a～图 7.3-1c）。

图 7.3-1a 水彩小景

(2) 透明水色技法用透明水色绘画时应注意其不易修改的特性,所以一般多与其他技法混用。在绘制过程中一定要保持纸面的清洁(图 7.3-2)。

(3) 铅笔画技法的特征是绘制速度较快来形成线条、平涂或色点的效果(图 7.3-3)。

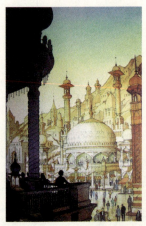 

图 7.3-1b 水彩的表现(一) 图 7.3-1c 水彩的表现(二)

图 7.3-2 透明水色的表现

(4）钢笔画技法空间关系表现充分。主要技法是通过笔尖用力和倾斜在制图当中运用广泛，类似于针管笔的使用方法（图 7.3-4a、图 7.3-4b）。

(5）水粉色技法需要有较强的艺术功底，其表现力很强，又易于修改，但应注意水粉本身的特性，总结其干、湿、厚、薄不同画法所产生的不同效果（图 7.3-5）。

图 7.3-3　铅笔画表现

图 7.3-4a　钢笔画餐饮包间

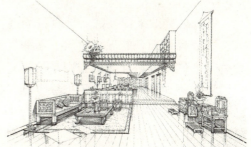

图 7.3-4b　钢笔画中式别墅

图 7.3-5　水粉色景观鸟瞰图

图 7.3-6 喷绘超写实技法

(6) 喷绘技法是 20 世纪非常时兴的一种画法，用色类似于水粉画的技法。但喷笔的使用有其特殊性，须用模板刻画、遮盖再喷绘，绘画程序较为复杂（图 7.3-6）。

(7) 马克笔技法分为中性和油性两种。马克笔在快速表现中应用广泛。绘制中应注意其不易修改性，而且纸张选择不同绘制的效果也不同，但其绘制的基本原则是由浅至深，逐步深入（图 7.3-7a ～图 7.3-7d）。

(8) 电脑效果图技法（计算机绘图）在环境艺术中的使用越来越广泛和深入，在表现大面积的现代材质方面非常出色，所以作为设计的最后效果展示是十分重要的手段。计算机绘图精准逼真，却不如手绘来得灵活多变，在方案构思阶段更不如手绘那样易于把握灵感，推敲分析，所以电脑绘图与手绘表现应是相辅相成的，它们的有效结合才会成为设计师表现思想的利器（图 7.3-8a ～图 7.3-8d）。

图 7.3-7a 马克笔技法（一）

7.3 图面表现方法

图 7.3-7b 马克笔技法（二）

图 7.3-7c 马克笔技法（三）

137

图 7.3-7d　马克笔技法（四）

图 7.3-8a　电脑效果图（某餐饮店中庭）　图 7.3-8b　电脑效果图（某餐饮店包间）

7.3 图面表现方法

图 7.3-8c 电脑效果图（静吧）

图 7.3-8d 电脑效果图（中式包间）

第8章
景观设计案例分析

8.1 城市广场案例分析——大雁塔北广场景观艺术设计

　　随着城市建设速度的日益加快，城市广场渐渐犹如雨后春笋般在各个城市建设起来，广场经济也随之应运而生，广场作为城市景观的焦点成为景观设计的一项重要内容。大雁塔北广场景观工程，是2003年西安市的市政重点工程，也是陕西省"一线两带"建设中的亮点。大雁塔周边改造工程以大雁塔为中心，占地约1000亩，包括北广场、南广场、原盆景园、蔷薇园、春晓园等。其中具体包括大雁塔北广场公共艺术设计、大雁塔东西步行街景观设计、原盆景园景观规划设计等设计任务及其制作装配工程。主体工程大雁塔北广场东西长218m，南北长346m，南北高差9m，分为九级由北至南逐步拾级而上。广场东西向分为三部分，中央九级跌水大型喷泉为广场主景区，左右两侧为辅景区，分别由八组唐代文化人物雕塑和八组现代水景小品构成景观序列。

　　西安大雁塔是一座经历了1300多年历史的佛教古塔，对其周边环境景观的规划具有决定性意义。故大雁塔北广场景观设计定位是集纪念性、文化性、旅游性、休闲性为一体的城市广场（图8.1-1～图8.1-8）。

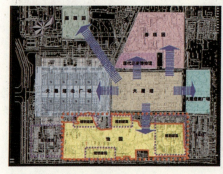

图8.1-1　总平面图

图8.1-2　大雁塔北广场白天鸟瞰

8.1 城市广场案例分析——大雁塔北广场景观艺术设计

图 8.1-3 大雁塔北广场夜晚实景

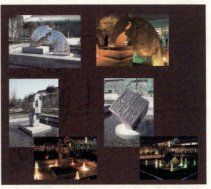

图 8.1-4 大雁塔北广场水景小品

图 8.1-5 大雁塔北广场地景浮雕小品

图 8.1-6 大雁塔北广场万佛灯塔

图 8.1-7 大雁塔北广场大唐文化柱

图 8.1-8 大雁塔北广场城市家具

8.2 城市绿地主题性景观案例分析——陕西民俗文化园景观规划

陕西民俗文化园——怡园是原西安盆景园、清流园的景观改造工程。本案设计始于 2003 年 8 月，并于 2004 年开始施工。怡园占地面积 8.965hm²，东面与文化长廊与慈恩寺相邻，西面紧临慈恩路，南面同规划路和停车场相邻，北面同纬二街与大雁塔北广场西侧商业街设施相邻。

设计定位体现了陕西传统民俗文化的城市绿地，同时保留原中日合作始建于 1983 年清流园的传统园林意境。原盆景园的绿化状况已基本形成，园内树种繁多，生长有百年古槐、活化石银杏树、紫藤等珍稀名贵树种。改建以后的怡园将集民俗、文化、生态、景观于一体，高度体现参与性的城市绿地空间。其民俗文化主题在一定的意义上填补了陕西民俗缺乏集中展示的空缺，将给市民和外来旅游者耳目一新的感觉。

怡园的设计原则主要在原有植被和路网的基础之上突出规划性和参与性。用现代的建筑规划表现手法和建筑符号同诗词画韵相结合，是怡园的一大特色。

陕西地处中原，古长安自古以来是多个朝代的定都之地，其丰富多彩的文化流传至今，形成了陕西现有的灿烂文化。所以，在本方案的设计中融合了以陕西地域特色为代表的饮食文化、娱乐文化、民俗生活等方面的内容。这些具有功能的组团将以散点的形式分布在园区中，通过路网将其联系在一起。秦腔、皮影、眉户、陕北剪纸、农民画、凤翔泥塑、书画、秦绣等，这些艺术形式不仅具有展示性，引且具有极强的参与性，游人可以置身其中，并以作坊的形式参与。茶文化、酒文化与特色小吃会让人们领略到陕西的特色风味和饮食文化的风俗习惯。在展厅中展示陕西八大怪、农村嫁娶、老城趣事、踩高跷、杂耍表演、面花、吹糖人、捏面人等，可以用蜡像的形式进行逼真的形象描绘，使人从中领略到陕西人民淳朴真挚的情感特点。

《白鹿原》系列陶塑等民俗展示创作自问世以来，先后被国内外数十家媒体报道，是世界陶艺史上的一大创举，被评论界誉为"中国第一部陶塑小说"，也是文学与美术的有机结合，并先后在德国、法国等国家和中国台湾地区巡回展出，引起巨大轰动。在怡园中将有一个景区是专门供《白鹿原》陶塑展出的（图 8.2-1～图 8.2-6）。

图 8.2-1 入口

8.2 城市绿地主题性景观案例分析——陕西民俗文化园景观规划

图 8.2-2 木栈道效果图

图 8.2-3 陕西泥塑

图 8.2-4a 雕塑小品前期效果图

图 8.2-4b 雕塑小品后期实景照片

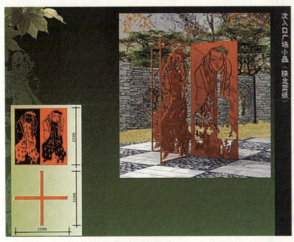

图 8.2-5a 剪纸小品前期效果图

图 8.2-5b 剪纸小品后期实景照片

第8章 景观设计案例分析

图 8.2-6a　皮影小品前期效果图

图 8.2-6b　皮影小品后期实景照片

8.3　景园建筑案例分析——长安芙蓉园景观规划

长安芙蓉园是曲江遗址区内首建的唐文化主题园区。

唐代时，芙蓉园位于都城东南隅，曲江池之东，本名曲江园，隋代时即为离宫。文帝恶其名，因其有池盛植芙蓉，改名芙蓉园。唐玄宗开元年间（713～741年），增建紫云楼、彩霞亭等建筑，仍为皇家御园，又称南苑，并设专用夹道相通。其中紫云楼、彩霞亭在"安史之乱"毁于兵火。至文宗大和九年（835年），朝廷发神策军又疏导曲江，再建紫云楼、彩霞亭。据文献记载，唐玄宗、唐文宗等皇帝多次下诏，命百司署衙沿曲江池岸修建"行宫台殿，百司廨署"，芙蓉园属皇家御园，其中离宫别馆修建更甚，形成了"广厦修廊，连亘屈典"的风貌。

今日的"长安芙蓉园"是在曲江原址上兴建的（芙蓉园现址与原遗址相比，位置向西北偏移）唐文化主题园林。纵使明月依旧，毕竟岁月轮回。长安芙蓉园的景观设计不是刻意复制千年的皇家园林，而是在规划设计中，充分考虑原曲江及芙蓉园的园林风格和空间布局的形制特点，又融合创新，选择盛唐文化中最富代表性、特色性的文化事项予以生动展现，并尽量考虑历史文化及都城传统与现代文化发展及文化需求的有机结合，形成了持之有故、现代人喜闻乐见的文化旅游景观。

目前，长安芙蓉园的空间布局和部分建筑已经完成。长安芙蓉园占地937亩，规划湖面268亩。根据地形特点，全园设置东、南、西、北四个入口，其中西门为主入口。主体建筑18座，主体景观41处。芙蓉园的景观设计，在对灿烂浩瀚的大

8.3 景园建筑案例分析——长安芙蓉园景观规划

唐文化的诠释上,对皇家园林艺术境界的理解上,及对观者深层的精神感受和心理体验的把握上都有其独特之处。环绕着中心的一池春水将整个园区分为东、南、西、北四个景区,并分别以"芙蓉春晓"、"芙蓉夏郁"、"芙蓉秋硕"、"芙蓉冬娆"四季命名。春夏秋冬,四季轮回,周而复始,往返不断(图 8.3-1 ~ 图 8.3-8)。

图 8.3-1　西大门内广场

图 8.3-2　七杏广场

145

第8章　景观设计案例分析

图 8.3-3　仕女馆鸟瞰效果

图 8.3-4　荣欣港

8.3 景园建筑案例分析——长安芙蓉园景观规划

图 8.3-5 花渔港

图 8.3-6 回眸望绿

第8章 景观设计案例分析

图 8.3-7 仕女馆周边环境

图 8.3-8 芙蓉园远视

8.4 居住区景观环境案例分析——新荣基小区景观规划

小区居住环境作为人类生活环境的一个重要组成部分，担负着向人们提供舒适的居住生活的任务，同时也提供一定的场所，具有一定的社会功能，它是由自然环境、社会环境以及居住者三部分构成的一个系统整体。完整居住环境的概念既有室内，又有室外；既有个体，又有群体；既有自然因素，又有人文因素。它是容纳人们生活范畴内的一切活动的物质空间。因此，现代居住区环境设计的内涵既包括不同类型居住空间的设计，如院落、街道、轮廓、广场等，也涉及人与人、人与环境之间的关系，肩负妥善、合理处理各种居住环境中的公共性与私密性、接触与隔离等使用特性的任务，包含环境社会学、环境心理学以及社会生态学等方面的深刻内容（图8.4-1～图8.4-6）。

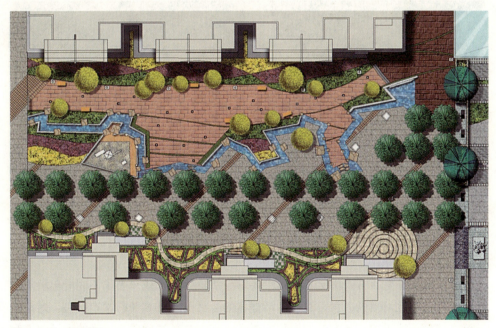

图 8.4-1　平面图

图 8.4-2　局部水景　　　　图 8.4-3　广场景观　　　　图 8.4-4　植物同水面的结合

图 8.4-5　休闲娱乐空间　　　　图 8.4-6　休闲空间

8.5　高校景观环境案例分析——西安美术学院校园景观规划

高校的特殊生活方式决定了校园中各种生活群体的构成。由于不同的年龄阶段和职业以及文化习惯的差异，这些生活群体的生活形态既相关联又有区别，对空间不仅有"形"的需求，还有其"态"的要求。相同类型的群体在不同的生活习惯和年龄阶段的作用下，行为也存在着较大的差异。

不同的群体有不同的身份特征和行为规律及人格特征，在高校中这主要体现在两个方面：一方面不同的身份需要适合其行为特征的空间，不同的行业带来的行为规范，都由空间来完成；另一方面，从事不同学习活动工作的主体人，如住宿或走读的大学生、教师及其他职工,由于在学校中从事不同的工作或学习活动,其生理与心理的活动都具有不同的特点,文化和价值观念也互不一致,在校园活动中,对公共环境的形态会提出不同的要求。

因此,对各种生活群体行为、需求的了解有助于更好地了解空间的形态,完成环境设计。

西安美术学院校园规划是正在建设中的校园景观项目,在原校园基础上新征地并重新进行整体的规划和设计,因此就要求新的地块同原有学校风貌能够保持一致,并且各个功能区域明确,如学生宿舍区、教学区、活动区、休闲区等,同时兼顾适合学生的细节设计,方便学生群体的生活和学习(图 8.5-1～图 8.5-9)。

图 8.5-1 校园总平面

图 8.5-2 局部地景设计　　　　图 8.5-3 休憩区域

图 8.5-4a 自行车停放区（一）　　图 8.5-4b 自行车停放区（二）

图 8.5-5 学院内公共设施　　　　图 8.5-6 宿舍楼下绿化

8.5 高校景观环境案例分析——西安美术学院校园景观规划

图 8.5-7　教学楼下下沉广场

图 8.5-8a　小广场拴马桩景观（一）

图 8.5-8b　小广场拴马桩景观（二）

153

□ 第8章 景观设计案例分析

图 8.5-9a 教学楼一层细部设计（一）　图 8.5-9b 教学楼一层细部设计（二）

（注：手绘图片由周靓、郭贝贝、张蒙提供）

参考文献

[1]　景观建筑，洪得娟，同济大学出版社，1999.10.

[2]　[美]威廉·M·马什．景观规划的环境学途径．北京：中国建筑工业出版社，2006年．

[3]　[美]卡斯腾·哈里斯．建筑的伦理功能．北京：华夏出版社，2001年．

[4]　[德]威尔弗里德·柯霍．建筑风格学．辽宁：辽宁科学技术出版社，2006年．

[5]　[美]阿诺德·柏林特．环境与艺术——环境美学的多维视角．重庆：重庆出版社，2007．

[6]　杨宽．中国古代都城制度史．上海：上海人民出版社，2006年．

[7]　刘永德．建筑空间的形态·结构·涵义·组合．天津：天津科学技术出版社，1998年．

[8]　贺叶矩．中国古代城市规划史论丛．北京：中国建筑工业出版社，1986年．

[9]　林其标，林燕，赵维稚．住宅人居环境设计．广州：华南理工大学出版社，2000．

[10]　方咸孚，李海涛．居住区的绿化模式．天津：天津大学出版社，2000．

[11]　章俊华，任莅棣编．居住区景观设计．北京：中国建筑工业出版社，2001．

[12]　金涛，杨永胜．居住区环境景观设计与营建．北京：中国城市出版社，2003．

[13]　[美]西蒙得著．王济昌译．景园建筑学．台隆书店．

[14]　[日]庐原义信著，尹培桐译．外部空间环境设计．北京：中国建筑工业出版社，1996．

[15]　[美]克莱尔·库珀·马库斯，卡罗琳·弗朗西斯编著，俞孔坚，孙鹏，王志芳等译．人性场所——城市开放空间设计导则（第二版）．北京：中国建筑工业出版社，2001．